Wissenschaftliche Taschenbücher WTB

Mathematik · Physik

Heinz Ahrens

Varianzanalyse

Akademie-Verlag · Berlin
Pergamon Press · Oxford
Vieweg & Sohn · Braunschweig

WTB

BAND 49

Heinz Ahrens

Varianzanalyse

Mit 6 Abbildungen und 48 Tabellen

AKADEMIE-VERLAG · BERLIN

PERGAMON PRESS · OXFORD

VIEWEG & SOHN · BRAUNSCHWEIG

Reihe MATHEMATIK UND PHYSIK

Herausgeber:

Prof. Dr. rer. nat. habil. G. Heber, Leipzig
Prof. Dr. phil. habil. W. Holzmüller, Leipzig
Prof. Dr. phil. habil. A. Lösche, Leipzig
Prof. Dr. phil. habil. H. Reichardt, Berlin
Prof. Dr. phil. habil. J. Schintlmeister, Dresden
Prof. Dr. phil. habil. K. Schröder, Berlin
Prof. Dr. phil. habil. K. Schröter, Berlin

Verantwortlicher Herausgeber dieses Bandes:

Prof. Dr. K. Schröder

Verfasser:

Dr. Heinz Ahrens

Institut für Angewandte Mathematik und Mechanik
der Deutschen Akademie der Wissenschaften zu Berlin

1968

Lizenznummer: 202 · 100/561/68

Gesamtherstellung: VEB Druckerei „Thomas Müntzer“, 582 Bad Langensalza

Bestellnummer: Akademie-Verlag 7049 · ES 19 B 5
Vieweg & Sohn 6049

Printed in German Democratic Republic

Geleitwort

Die Varianzanalyse wurde ursprünglich zur Auswertung von Feldversuchen entwickelt. In den letzten Jahrzehnten hat sie aber wesentlich weitere Anwendungsmöglichkeiten gefunden, und sie stellt heute eines der allgemeinsten statistischen Verfahren dar.

Es ist daher zu begrüßen, daß der Akademie-Verlag, Berlin, in die Reihe „Wissenschaftliche Taschenbücher" eine Arbeit aufgenommen hat, die der Darstellung dieses wichtigen statistischen Verfahrens gewidmet ist. Der Verfasser, Herr Dr. Heinz Ahrens, hat sich bereits durch frühere Veröffentlichungen auf dem Gebiet der Varianzanalyse, speziell der Matrizenmethode bei der Schätzung der Varianzkomponenten, einen Namen gemacht, so daß die Darstellung der mathematischen Grundlagen der Varianzanalyse, die in dem vorliegenden Buch in der Hauptsache behandelt werden, bei ihm in den besten Händen lag.

Die Durcharbeitung des Bändchens wird für den Mathematiker von großem Nutzen sein, ihm manche Anregung für eigene Arbeiten auf diesem Gebiet vermitteln und ihn in den Stand setzen, den Praktiker bei schwierigen Auswertungen und bei theoretischen Fragen zu beraten. Dem Praktiker, der bereits mit der „Verrechnung" der Varianzanalyse vertraut ist und sich in die theoretischen Grundlagen einarbeiten möchte, wird diese Einarbeitung an Hand der klaren tabellarischen Darstellungen erleichtert. Das kleine Buch verdient eine weite Verbreitung, und ich wünsche ihm eine freundliche Aufnahme und einen guten Erfolg.

Erna Weber

Vorwort

Mit dem vorliegenden Bändchen wurde der Versuch unternommen, Theorie und Anwendungen der Varianzanalyse zusammenfassend darzustellen, um dem Bedürfnis nach schneller Information über ein sehr allgemeines statistisches Verfahren Rechnung zu tragen. Da eine umfassende Darstellung aller Probleme der Varianzanalyse in einem Taschenbuch nicht möglich ist, mußte eine Auswahl getroffen werden. Ob dies gelungen ist, mag der kritische Leser beurteilen.

Im Kapitel 1 werden die theoretischen Grundlagen der Varianzanalyse kurz behandelt und in den Kapiteln 2 und 3 die wichtigsten Typen von Versuchsplänen, die in der Varianzanalyse betrachtet werden. Es handelt sich dabei um die sogenannten Kreuzklassifikationen und um hierarchisch klassifizierte Versuchsanlagen. Eine Unterteilung in Kapitel 2 und 3 ist nur deshalb noch vorgenommen worden, um den Unterschied zwischen Modellen mit festen Effekten (Modell I) und Modellen mit zufälligen Effekten (Modell II) deutlich zu machen. Alle drei Kapitel können unabhängig voneinander gelesen werden.

Im Kapitel 2 wurde das behandelt, was dem Anwender im allgemeinen als Varianzanalyse bekannt ist. Bis zum F-Test, dem Testkriterium der Nullhypothese über die Gleichheit von Haupteffekten (Mittelwerten) wurden die Varianzanalysen für die verschiedenen Versuchsanlagen durchgeführt.

Das Problem der mehrfachen Vergleiche von Mittelwerten, das bei der Ablehnung der Nullhypothese entsteht, wurde nicht weiter behandelt. Für diese Problematik stehen dem Leser genügend gute Lehrbücher zur Verfügung. Die Verfahren von SCHEFFÉ und TUKEY sind hierfür die allgemeinsten und die mathematisch gesichertsten. Für den Anwender ist besonders das Lehrbuch von E. WEBER, 6. Auflage (1967), zu empfehlen, wo diese Verfahren ausführlich besprochen werden.

Im Kapitel 3 wurden Modelle mit zufälligen Effekten behandelt. Dabei kommt es besonders auf das Schätzen der sog. Varianzkomponenten an. Sowohl für gleiche wie auch für ungleiche Besetzung der Unterklassen (orthogonaler und nichtorthogonaler Fall) wurden die Varianzkomponenten geschätzt. Hinweise über Verwendung eines Matrizenverfahrens zum Schätzen von Varianzkomponenten komplizierter nichtorthogonaler Versuchsanlagen sollen dem mathematisch interessierten Leser die Möglichkeit verschaffen, das Schätzen von Varianzkomponenten für andere, hier nicht behandelte Versuchsanlagen, selbständig vorzunehmen. In den wenigen Fällen, wo man exakte Konfidenzgrenzen für die Varianzkomponenten angeben kann, wurde es getan, für die anderen Fälle wurden wenigstens die Stichprobenvarianzen der geschätzten Varianzkomponenten angegeben. Viele dieser Ergebnisse werden nicht in Lehrbüchern behandelt, sie sind jüngeren Datums und nur in Fachzeitschriften zu finden.

Bei der Analyse der einzelnen Versuchsanlagen wurden absichtlich Wiederholungen nicht vermieden, so daß man ohne umständliches Zurückblättern jede Versuchsanlage für sich betrachten kann.

Die moderne Auffassung der theoretischen Grundlagen der Varianzanalyse, wie sie z. B. im Lehrbuch von SCHEFFÉ (1958) dargestellt ist, findet man schon bei O. FISCHER (1956). Die in tschechischer Sprache geschriebene Arbeit ist aber nur einem kleinen Leserkreis zugänglich. Ich möchte hiermit Herrn Dr. O. FISCHER,

Prag, herzlich danken, der mir während meines Studienaufenthaltes in Prag viel von seinen Kenntnissen vermittelte.

Mein besonderer Dank gilt Frau Prof. Weber, die mit kritischen Hinweisen und ständiger Anteilnahme den Fortgang dieser Arbeit unterstützte.

Berlin, Juli 1966 Heinz Ahrens

Inhaltsverzeichnis

1. Theoretische Grundlagen der Varianzanalyse . . . 13

1.1. Einleitung 13

1.2. Das allgemeine lineare Modell 13

1.2.1. Die Voraussetzungen 14

1.2.2. Beispiel: Die zweifache Klassifikation 15

1.3. Die allgemeine lineare Hypothese 17

1.4. Das Maximum-Likelihood-Prinzip 19

1.5. Die Schätzwerte für β_j und σ^2 unter Ω; die Normalgleichungen 21

1.6. Die Schätzwerte für β_j und σ^2 unter ω; die Normalgleichungen 24

1.7. Der Likelihood-Quotiententest. Der Test der Hypothese $H : \mathbf{K}\,\boldsymbol{\beta} = 0$ 25

1.8. Die Hypothese $\mu_1 = \mu_2 = \cdots = \mu_p$ der einfachen Klassifikation als Spezialfall der allgemeinen linearen Hypothese 27

1.9. Die Hypothesen bei mehrfach klassifizierten Versuchsanlagen als Spezialfälle der allgemeinen linearen Hypothese 31

1.10. Der Fall Rang($\mathbf{X}$) $< p$ 33

1.11. Orthogonale Versuchsanlagen 36

1.11.1. Eine Zerlegungsformel für SQ_{Total} 39

2. Modell mit festen Effekten (Modell I) 41

2.1. Einfache Klassifikation 43

2.1.1. Beispiel 48

2.1.2. Die Vorteile gleicher Stichprobenumfänge 50
2.2. Zweifache Klassifikation (Kreuzklassifikation) . . . 51
2.2.1. Eine Beobachtung in jeder Unterklasse 51
2.2.2. Beispiel 60
2.2.3. n Beobachtungen in jeder Unterklasse ($n > 1$) . . 65
2.2.4. Beispiel 70
2.3. Dreifache Klassifikation 73
2.4. Hierarchisch klassifizierte Versuchsanlagen 82
2.4.1. Zweifache hierarchische Klassifikation mit n Beobachtungen in jeder Unterklasse 83
2.4.2. Beispiel 88

3. Modell mit zufälligen Effekten (Modell II) 91

3.1. Einfache Klassifikation 93
3.1.1. Einfache Klassifikation, gleiche Besetzung der Unterklassen (orthogonaler Fall) 94
3.1.2. Stichprobenvarianzen der geschätzten Varianzkomponenten 106
3.1.3. Einfache Klassifikation, ungleiche Besetzung der Unterklassen (nichtorthogonaler Fall) 108
3.1.4. Matrizenverfahren zur Schätzung von Varianzkomponenten bei der einfachen Klassifikation (nichtorthogonaler Fall) 111
3.1.5. Stichprobenvarianzen der geschätzten Varianzkomponenten 116
3.2. Zweifache hierarchische Klassifikation 120
3.2.1. Zweifache hierarchische Klassifikation, gleiche Besetzung der Unterklassen (orthogonaler Fall) . . . 120
3.2.2. Stichprobenvarianzen geschätzter Varianzkomponenten 131
3.2.3. Zweifache hierarchische Klassifikation, ungleiche Besetzung der Unterklassen (nichtorthogonaler Fall) 133
3.2.4. Stichprobenvarianzen geschätzter Varianzkomponenten 145
3.3. Dreifache hierarchische Klassifikation 147

3.3.1. Dreifache hierarchische Klassifikation, gleiche Besetzung der Unterklassen (orthogonaler Fall) . . . 148
3.3.2. Stichprobenvarianzen geschätzter Varianzkomponenten 159
3.3.3. Dreifache hierarchische Klassifikation, ungleiche Besetzung der Unterklassen (nichtorthogonaler Fall) 161
3.3.4. Stichprobenvarianzen geschätzter Varianzkomponenten 169
3.4. Zweifache Klassifikation (Kreuzklassifikation) . . 172
3.4.1. Eine Beobachtung in jeder Unterklasse 172
3.4.2. Zweifache Klassifikation mit $n > 1$ Beobachtungen in jeder Unterklasse (orthogonaler Fall) 178
3.4.3. Zweifache Klassifikation mit einer ungleichen Anzahl von Beobachtungen in jeder Unterklasse (nichtorthogonaler Fall) 187
Literatur 192
Übersetzung wichtiger Fachausdrücke in die englische und russische Sprache 195
Namen- und Sachverzeichnis 197

1. Theoretische Grundlagen der Varianzanalyse

1.1. Einleitung

Im ersten Kapitel soll die Varianzanalyse in etwas allgemeinerer Form dargestellt werden. Sie erscheint als Spezialfall eines allgemeinen linearen Modells. Dem theoretisch interessierten Leser ist es dadurch leichter, für die Technik der Varianzanalyse, die als eines der allgemeinsten statistischen Verfahren zur Analyse von Meßwerten gilt, auch den mathematischen Hintergrund zu erkennen. Wir verzichten dabei auf Beweise und auch auf die Erklärung der verwendeten Termini der mathematischen Statistik. Einmal wird für die meisten Leser keine Erklärung mehr notwendig sein, zum anderen gibt es genügend Lehrbücher der mathematischen Statistik, die diese Begriffe streng definieren.

1.2. Das allgemeine lineare Modell

Für die statistische Analyse von Meßergebnissen spielen Art und Anlage des Experiments eine entscheidende Rolle. Wir wollen eine Klasse von Problemen betrachten, die u. a. auch mit den Mitteln der Varianzanalyse behandelt werden.

Wir fassen n gegebene Meßwerte als Realisierungen von n zufälligen Veränderlichen $y_1, y_2, \ldots, y_n$ auf. Die Klasse von Problemen, die uns hier interessiert, umfaßt solche zufälligen Veränderlichen, deren Erwartungswerte eine lineare Form von p unbekannten zu schätzenden Parametern $\beta_1, \beta_2, \ldots, \beta_p$ darstellen:

$$E(y_i) = x_{1i}\,\beta_1 + x_{2i}\,\beta_2 + \cdots + x_{pi}\,\beta_p \qquad (1.2.1)$$
$$(i = 1, 2, \ldots, n)\,.$$

Die zufälligen Veränderlichen sind von der Form

$$y_i = x_{1i}\beta_1 + x_{2i}\beta_2 + \cdots + x_{pi}\beta_p + e_i\,, \qquad (1.2.2)$$

wobei die zufällige Veränderliche e_i den Meßfehler der i-ten Beobachtung repräsentiert. (Wir verwenden hier für die zufälligen Veränderlichen wie auch für ihre Realisierungen dieselbe Bezeichnung. Mißverständnisse werden daraus nicht entstehen, da stets aus dem Text hervorgeht, worum es sich handelt.)

Der Ausdruck (1.2.1) bzw. (1.2.2) stellt das allgemeine lineare Modell dar. Es bildet den Ausgangspunkt für unsere Betrachtungen. Dieses lineare Modell umfaßt im wesentlichen alle bekannten Modelle der Varianzanalyse. Darüber hinaus stellt dieses Modell auch noch die Grundlage für die Regressions- und für die Kovarianzanalyse dar.

1.2.1. Die Voraussetzungen

Für die zufälligen Veränderlichen e_i in (1.2.2) wollen wir annehmen, daß ihr Erwartungswert Null ist und daß sie nichtkorrelierend sind, d. h.

$$E(e_i) = 0\,,$$
$$E(e_i\, e_{i'}) = \begin{cases} \sigma^2 & \text{für} \quad i = i' \\ 0 & \text{für} \quad i \neq i'\,. \end{cases} \qquad (1.2.3)$$

Unter diesen Voraussetzungen sind aus dem linearen Modell (1.2.2) die Parameter β_j $(j = 1, 2, \ldots, p)$ zu schätzen. Die sogenannten Punktschätzungen sind aber für eine statistische Analyse noch nicht informativ genug. Man möchte Hypothesen prüfen, die man bezüglich dieser Parameter aufstellt. Das ist aber ohne die Annahme einer Verteilung für die beim Experiment auftretenden zufälligen Veränderlichen y_i nicht möglich. Wir wollen für die zufälligen Veränderlichen y_i stets voraussetzen, daß sie einer normalverteilten Grundgesamtheit entstammen und die Beobachtungswerte unabhängig gewonnen wurden. Dieser Sachverhalt wird durch folgende Symbolik abgekürzt:

$$y_i \quad \text{unabhängig} \quad N\left(\sum_{j=1}^{p} x_{ji}\,\beta_j,\ \sigma^2\right) \qquad (1.2.4)$$

für jedes i. Es ist zu beachten, daß die Varianz σ^2 nicht mehr von i abhängt, also ein für alle zufälligen Veränderlichen y_i fester Wert sein soll.

1.2.2. Beispiel: Die zweifache Klassifikation

Die Varianzanalyse geht auf R. A. Fisher (1925) zurück und wurde von ihm im Zusammenhang mit Problemen des Feldversuchswesens entwickelt.

Werden z. B. in einem Feldversuch Erträge gemessen, so sind diese unter dem gleichzeitig wirkenden Einfluß mehrerer Faktoren entstanden.

Betrachten wir einen Sortenversuch. Die Sorten sehen wir als Faktor A an, der in mehreren Stufen (Anzahl der verschiedenen Sorten) wirken kann. Die Wiederholungen, die zwangsläufig auf verschiedenen Böden vorgenommen werden, stellen den Faktor B dar, der ebenfalls in mehreren Stufen (Anzahl der Wiederholungen) wirkt (Tab. 1).

1.2. *Tabelle 1*

Schema einer zweifachen Klassifikation

Faktor B

Faktor A: Stufen des Faktors A — i \ j	Stufen des Faktors B: 1	2	....	j	....	b
1	y_{11}	y_{12}	....	y_{1j}	....	y_{1b}
2	y_{21}	y_{22}	....	y_{2j}	....	y_{2b}
⋮	⋮	⋮		⋮		⋮
i	y_{i1}	y_{i2}	....	y_{ij}	....	y_{ib}
⋮	⋮	⋮		⋮		⋮
a	y_{a1}	y_{a2}	....	y_{aj}	....	y_{ab}

Wenn der Faktor A in a Stufen und der Faktor B in b Stufen wirkt, so legt man für die Beobachtungen folgendes lineare Modell zugrunde:

$$y_{ij} = \mu + \alpha_i + \beta_j + e_{ij} \qquad (1.2.5)$$
$$(i = 1, 2, \ldots, a;\; j = 1, 2, \ldots, b)\,.$$

Dabei ist μ das allgemeine Mittel; α_i sind die Haupteffekte der Stufen des Faktors A, d. h., sie charakterisieren die Wirkung der Sorten; β_j sind die Haupteffekte der Stufen des Faktors B, d. h., sie charakterisieren die Wirkung der Wiederholungen; e_{ij} sind unabhängig $N(0, \sigma^2)$.

Die $a + b + 1$ Parameter μ, α_1, α_2, ..., α_a, β_1, β_2, ..., β_b in der Modellgleichung (1.2.5) entsprechen den Parametern $\beta_1, \beta_2, \ldots, \beta_p$ des linearen Modells (1.2.2). Es ist $p \geqq a + b + 1$. Wir haben $n = a \cdot b$ Meßwerte y_{ij}, die bei neuer Indizierung den Größen y_i in (1.2.2) entsprechen:

$$\begin{aligned} y_{11} &= y_1,\; y_{12} = y_2\,, \ldots, y_{1b} = y_b\,,\\ y_{21} &= y_{b+1}\,, \ldots, y_{2b} = y_{b+b}\,,\\ &\cdots\cdots\cdots\cdots\cdots\\ y_{a1} &= y_{(a-1)b+1}\,, \ldots, y_{ab} = y_n\,. \end{aligned}$$

Dieses Beispiel wird später noch genauer betrachtet. Wir wollten damit nur andeuten, daß folgender Zusammenhang zwischen dem allgemeinen linearen Modell (1.2.2) und der Varianzanalyse hergestellt werden kann:

Liegen Meßwerte als Realisierungen von zufälligen Veränderlichen vor, für deren Erwartungswerte eine lineare Form der Art (1.2.1) angenommen werden kann, so wählt man als statistisches Analysenverfahren die Varianzanalyse, wenn in (1.2.1) die Größen x_{ji} nur die Werte 0 oder 1 annehmen können (siehe H. SCHEFFÉ (1958)). Mit dieser Klassifizierung erfaßt man im wesentlichen alle bisher bekannten Modelle der Varianzanalyse. (Es gibt nur wenige Ausnahmen, die spezielle Versuchspläne der quantitativen Genetik betreffen.) Die Größen

x_{ji} haben also nur die Aufgabe, einen Effekt als vorhanden ($x_{ji} = 1$) oder nicht vorhanden ($x_{ji} = 0$) zu charakterisieren.

Können in dem linearen Modell (1.2.1) einige der Größen x_{ji} nicht nur die diskreten Werte 0 und 1 sondern alle reellen Werte eines Intervalls annehmen, wie es z. B. bei Gewichts-, Längen- und Temperaturmessungen der Fall ist, so wählt man als statistisches Analysenverfahren die Regressionsanalyse. Sind für einige Größen x_{ji} kontinuierliche und für einige der x_{ji} die diskreten Werte 0 und 1 möglich, so hat man ein Problem der Kovarianzanalyse vor sich.

Somit erweist sich das lineare Modell (1.2.1) bzw. (1.2.2) als sehr allgemein und umfaßt eine große Klasse von Problemen.

1.3. Die allgemeine lineare Hypothese

Zur Beschreibung des linearen Modells (1.2.1) bzw. (1.2.2) und für alle weiteren Ableitungen wollen wir der Kürze halber Matrizen und Vektoren verwenden.

Es sei

$$\mathbf{X} = \begin{pmatrix} x_{11} & \ldots & x_{1n} \\ \cdot & \cdot\;\cdot\;\cdot & \cdot \\ x_{p1} & \ldots & x_{pn} \end{pmatrix}$$

die Matrix der bekannten Konstanten x_{ji} und

$$\mathbf{y} = (y_1, y_2, \ldots, y_n)', \quad \mathbf{e} = (e_1, e_2, \ldots, e_n)',$$
$$\boldsymbol{\beta} = (\beta_1, \beta_2, \ldots, \beta_p)'$$

Kolonnenvektoren der zufälligen Veränderlichen y_i und e_i bzw. der Parameter β_j. Das betrachtete lineare Modell lautet dann in Matrizenschreibweise

$$\mathbf{y} = \mathbf{X}' \boldsymbol{\beta} + \mathbf{e}, \tag{1.3.1}$$

wobei für den Vektor der zufälligen Veränderlichen y gilt

$$\mathbf{y} \ldots N_n(\mathbf{X}\,\boldsymbol{\beta}, \sigma^2\,\mathbf{I}). \tag{1.3.2}$$

$\mathbf{I}$ ist die Einheitsmatrix vom Typ (n, n). Die Formel (1.3.2) bringt zum Ausdruck, daß der zufällige Vektor $\mathbf{y}$ einer n-dimensionalen Normalverteilung mit dem Mittelwertvektor $\mathbf{X}'\boldsymbol{\beta}$ und der Kovarianzmatrix $\sigma^2\,\mathbf{I}$ folgt.

Die lineare Form für die Mittelwerte der zufälligen Veränderlichen y_i kann man dann in folgender Weise schreiben:

$$E(\mathbf{y}) = \mathbf{X}'\boldsymbol{\beta}\,. \tag{1.3.3}$$

In dem Verteilungsgesetz des zufälligen Vektors $\mathbf{y}$ treten die $p + 1$ Parameter $\beta_1, \beta_2, \ldots, \beta_p, \sigma^2$ auf, die geschätzt werden müssen. Sie spannen einen $(p + 1)$-dimensionalen Parameterraum R_{p+1} auf und sind folgenden Beschränkungen unterworfen:

$$\Omega : -\infty < \beta_j < +\infty \tag{1.3.4}$$
$$(j = 1, 2, \ldots, p)\,, \quad \sigma^2 > 0\,.$$

Ω fixiert in R_{p+1} die Menge aller zulässigen Parameter. Das Schätzen der p Parameter $\beta_1, \beta_2, \ldots, \beta_p$ des linearen Modells kann ohne Annahme einer Verteilung vorgenommen werden und geschieht nach der Methode der kleinsten Quadrate. Darüber hinaus interessieren aber Hypothesen über die β_j, d. h., man stellt weitere Bedingungen an die zu schätzenden Parameter. Um Hypothesen zu prüfen, muß man für y_i eine Verteilung annehmen. Dies ist mit (1.2.4) geschehen.

Ausgehend vom linearen Modell $E(\mathbf{y}) = \mathbf{X}'\,\boldsymbol{\beta}$ werden wir die allgemeine lineare Hypothese bezüglich der Parameter β_j formulieren und sehen, wie sich jede in der Varianzanalyse übliche Hypothese über Mittelwerte bzw. Haupteffekte als Spezialfall der allgemeinen linearen Hypothese ergibt.[1])

Wir stellen nun folgende $r\,(r < p)$ linear unabhängige Bedingungen an die Parameter β_j:

$$\sum_{j=1}^{p} k_{hj}\,\beta_j = 0 \quad (h = 1, 2, \ldots, r) \tag{1.3.5}$$

[1]) Außerdem sind die in der Regressions- und Kovarianzanalyse betrachteten Hypothesen ebenfalls als Spezialfälle der allgemeinen linearen Hypothese anzusehen.

oder in Matrizenschreibweise

$$\mathbf{K}\,\boldsymbol{\beta} = 0 \qquad (1.3.6)$$

mit Rang(**K**) $= r$. Die k_{hj} sind vorgegebene Konstanten.

Die allgemeine lineare Hypothese H kann dann wie folgt formuliert werden:

Auf Grund der Beobachtungsgrößen $y_1, y_2, \ldots, y_n$, *die als Realisierungen eines zufälligen Vektors* **y** *mit Normalverteilung* $N_n(\mathbf{X}'\boldsymbol{\beta}, \sigma^2\mathbf{I})$ *anzusehen sind, ist die Hypothese* H *zu prüfen, daß die Parameter* β_j *dem Gleichungssystem*

$$\mathbf{K}\,\boldsymbol{\beta} = \mathbf{0}$$

bei gegebener Koeffizientenmatrix **K** *genügen.*

Damit haben wir den Parametern β_j, die der Beschränkung Ω unterworfen waren, durch die Hypothese $H: \mathbf{K}\,\boldsymbol{\beta} = \mathbf{0}$ weitere Bedingungen auferlegt. Wir wollen das symbolisch durch

$$\omega = \Omega \cap H \qquad (1.3.7)$$

zum Ausdruck bringen.

1.4. Das Maximum – Likelihood Prinzip

Sowohl für das Schätzen der unbekannten Parameter $\beta_1, \beta_2, \ldots, \beta_p$ und σ^2 wie auch für die Ableitung des Testverfahrens zum Prüfen der allgemeinen linearen Hypothese verwenden wir das von R. A. Fisher (1930) aus dem Gaussschen Prinzip der kleinsten Quadrate entwickelte Maximum-Likelihood Prinzip.[2]) Wir beschrän-

[2]) Für das Schätzen der Parameter $\beta_1, \beta_2, \ldots, \beta_p$ des allgemeinen (normalverteilten) linearen Modells (1.2.2) ist die Maximum-Likelihood-Methode der Methode der kleinsten Quadrate äquivalent. Wir werden später bei der Aufstellung der Schätzungen für die Parameter mehrfach klassifizierter Versuchsanlagen auch nur noch die Methode der kleinsten Quadrate verwenden. Da wir hier aber nach den Schätzungen der Parameter β_j die Testcharakteristik der allgemeinen linearen Hypothese ableiten wollen, was mit Hilfe der Methode der kleinsten Quadrate nicht mehr möglich ist, verwenden wir bis zur Ableitung der Testcharakteristik durchgängig die Maximum-Likelihood-Methode.

ken uns dabei auf stetige zufällige Veränderliche, wie sie für unsere Zwecke von Bedeutung sind. Der Grundgedanke des Prinzips ist folgender:

Gegeben seien die Beobachtungswerte $y_1, y_2, \ldots, y_n$ unabhängiger zufälliger Veränderlicher von bekanntem Verteilungstyp. Die Verteilungsdichte $f(y_i; \Theta_1, \ldots, \Theta_p)$ hängt bei gegebenen y_i von p unbekannten zu schätzenden Parametern Θ_ϱ ($\varrho = 1, \ldots, p$) ab. Auf Grund einer zufälligen Stichprobe sollen die Parameter Θ_ϱ geschätzt werden.

Die Likelihood-Funktion ist wie folgt definiert:

$$L(y_1, \ldots, y_n; \Theta_1, \ldots, \Theta_p) = f(y_1; \Theta_1, \ldots, \Theta_p) \times f(y_2; \Theta_1, \ldots, \Theta_p) \ldots f(y_n; \Theta_1, \ldots, \Theta_p). \tag{1.4.1}$$

Sie ist bei gegebenen $y_1, \ldots, y_n$ eine Funktion der Parameter Θ_ϱ ($\varrho = 1, \ldots, p$). Das Maximum-Likelihood-Prinzip besagt:

Wähle bei vorgegebenen Beobachtungsgrößen $y_1, \ldots, y_n$ *als Schätzungen für* Θ_ϱ ($\varrho = 1, \ldots, p$) *solche Funktionen der Beobachtungsgrößen, für die der Ausdruck* (1.4.1) *maximal ist.* Solche Schätzungen nennt man *Maximum-Likelihood-Schätzungen* (ML-Schätzungen) für die Parameter $\Theta_1, \Theta_2, \ldots, \Theta_p$.

Das Maximum-Likelihood-Prinzip erfordert also, die ML-Schätzungen für $\Theta_1, \Theta_2, \ldots, \Theta_p$ aus dem Gleichungssystem

$$\frac{\partial L}{\partial \Theta_\varrho} = 0 \qquad (\varrho = 1, 2, \ldots, p) \tag{1.4.2}$$

zu bestimmen.

Es ist zweckmäßig, an Stelle von L die Funktion $\log L$ zu differenzieren. Dadurch geht das Produkt der Dichten in eine Summe von Dichtefunktionen über. Eine Summe ist im allgemeinen leichter zu differenzieren. Da die Funktionen L und $\log L$ ihre Extremwerte für dieselben Parameter $\Theta_1, \ldots, \Theta_p$ annehmen, bedeutet der Übergang zu $\log L$ keine Änderung des Prinzips. Die ML-Schätzungen sind konsistent und asymptotisch normalverteilt mit minimaler Varianz. Die ML-Methode hat für die Praxis dort ihre Grenzen, wo sie auf komplizierte

Gleichungssysteme führt. Auch bei einigen Modellen in der Varianzanalyse tritt diese Komplikation auf. Solche Fälle sollen hier aber nicht betrachtet werden.

1.5. Die Schätzwerte für β_j und σ^2 unter Ω; die Normalgleichungen

Gegeben sei eine Stichprobe $\mathbf{y} = (y_1, \ldots, y_n)'$; gültig seien die Voraussetzungen Ω. Wir nehmen weiter an, daß die Matrix $\mathbf{X}$ von vollem Rang ist, d. h.

$$\text{Rang}\,(\mathbf{X}) = p.$$

Als Likelihood-Funktion erhalten wir

$$L = (2\pi)^{-n/2}\,(\sigma^2)^{-n/2} \exp\left\{-\frac{1}{2\sigma^2} S\right\}$$

mit

$$S = (\mathbf{y} - \mathbf{X}'\,\boldsymbol{\beta})'\,(\mathbf{y} - \mathbf{X}'\,\boldsymbol{\beta}) = \sum_{i=1}^{n} (y_i - \sum_{j=1}^{p} x_{ji}\,\beta_j)^2 .$$

Durch Übergang zum Logarithmus ergibt sich

$$\log L = -\frac{n}{2}\log(2\pi) - \frac{n}{2}\log\sigma^2 - \frac{1}{2\sigma^2}\sum_{i=1}^{n}(y_i - \sum_{j=1}^{p} x_{ji}\beta_j)^2 .$$

Die ML-Schätzungen $\hat{\beta}_j$ $(j = 1, \ldots, p)$ und $\hat{\sigma}^2$ erhält man als Lösungen des Systems der $p + 1$ Gleichungen

$$\frac{\partial \log L}{\partial \beta_\pi} = 0 \qquad (\pi = 1, 2, \ldots, p)\,; \tag{1.5.1}$$

$$\frac{\partial \log L}{\partial \sigma^2} = 0 . \tag{1.5.2}$$

Aus (1.5.1) folgt

$$\frac{\partial \log L}{\partial \beta_\pi} = -\frac{1}{2\sigma^2}(-2)\sum_{i=1}^{n}(y_i - \sum_{j=1}^{p} x_{ji}\beta_j)\,x_{\pi i} = 0 ,$$

und nach Umformung erhält man folgende p Gleichungen:

$$\sum_{i=1}^{n} x_{\pi i}\,y_i - \sum_{i=1}^{n}\sum_{j=1}^{p} x_{\pi i}\,x_{ji}\,\hat{\beta}_j = 0 \quad (\pi = 1, \ldots, p) \tag{1.5.3}$$

oder in Matrizenschreibweise

$$\mathbf{X}\,\mathbf{y} - \mathbf{X}\,\mathbf{X}'\,\widehat{\beta} = 0\,. \tag{1.5.4}$$

Aus (1.5.2) folgt

$$-n + \frac{1}{\sigma^2}\,S = 0\,. \tag{1.5.5}$$

Die Gleichungen (1.5.3) bzw. (1.5.4) heißen Normalgleichungen für die Schätzungen $\widehat{\beta}_j$ $(j = 1, 2, \ldots, p)$. Aus (1.5.5) erhält man die Schätzung $\widehat{\sigma}^2$:

$$\widehat{\sigma}^2 = \frac{1}{n}\,S = \frac{1}{n}\,(\mathbf{y} - \mathbf{X}'\,\widehat{\beta})'\,(\mathbf{y} - \mathbf{X}'\,\widehat{\beta})$$

$$= \frac{1}{n}\sum_{i=1}^{n}(y_i - \sum_{j=1}^{p} x_{ji}\widehat{\beta}_j)^2. \tag{1.5.6}$$

Wir hatten vorausgesetzt, daß Rang$(\mathbf{X}) = p$. Dieser Fall trifft in der Varianzanalyse nur für die einfache Klassifikation zu. Unter dieser Voraussetzung kann man zeigen, daß die Matrix $\mathbf{X}\,\mathbf{X}'$ symmetrisch und indefinit vom Rang p ist. Damit ist für den Fall Rang$(\mathbf{X}) = p$ (und nur für diesen) das Normalgleichungssystem (1.5.3) eindeutig lösbar.

Im allgemeinen ist Rang$(\mathbf{X}) < p$. Das trifft vor allem für Varianzanalysen von mehrfach klassifizierten Versuchsanlagen zu, wie wir später noch sehen werden. Durch zusätzliche Bedingungen, den sogenannten Reparametrisierungsbedingungen, erreicht man wieder eindeutige Lösbarkeit.

Wir möchten noch einmal darauf hinweisen, daß bis zur Aufstellung des Systems der Normalgleichungen, d. h. bis zur Gewinnung der Punktschätzungen $\widehat{\beta}_j$ die Voraussetzung der Normalität von $\mathbf{y}$ nicht erforderlich ist.

Setzt man $\mathbf{X}\,\mathbf{X}' = \mathbf{A}$ und $\mathbf{X}\,\mathbf{y} = \mathbf{a}$, dann lautet das System der Normalgleichungen

$$\mathbf{A}\,\widehat{\beta} = \mathbf{a}\,. \tag{1.5.7}$$

Da $\mathbf{A}^{-1}$ existiert, erhält man die eindeutigen Lösungen $\widehat{\beta}$ durch

$$\widehat{\beta} = \mathbf{A}^{-1}\,\mathbf{a}\,. \tag{1.5.8}$$

Für die Ermittlung der Punktschätzungen ist es im allgemeinen nicht notwendig, $\mathbf{A}^{-1}$ zu berechnen. Oft wird aber die

Kovarianzmatrix der Schätzungen $\hat{\boldsymbol{\beta}}$ gebraucht. Dafür ist es aber ratsam, $\mathbf{A}^{-1}$ zu ermitteln, da

$$\hat{\boldsymbol{\beta}} = \mathbf{A}^{-1}\,\mathbf{a} = \mathbf{A}^{-1}\,\mathbf{X}\,\mathbf{y}\,,$$

und somit ergibt sich die Kovarianzmatrix der Schätzungen $\hat{\boldsymbol{\beta}}$ als

$$\Sigma_{\hat{\beta}} = \mathbf{A}^{-1}\,\mathbf{X}\,\Sigma_y\,\mathbf{X}'\,\mathbf{A}^{-1'}$$

und wegen

$$\Sigma_y = \sigma^2\,\mathbf{I}$$

folgt

$$\Sigma_{\hat{\beta}} = \sigma^2\,\mathbf{A}^{-1}.$$

Die ML-Schätzungen $\hat{\boldsymbol{\beta}}$ minimieren die Summe

$$S = (\mathbf{y} - \mathbf{X}'\,\boldsymbol{\beta})'\,(\mathbf{y} - \mathbf{X}'\,\boldsymbol{\beta})\,.$$

Da die $\hat{\boldsymbol{\beta}}$ unter den Bedingungen Ω gewonnen wurden, schreiben wir

$$S_1 = \operatorname*{Min}_{\Omega} S = (\mathbf{y} - \mathbf{X}'\,\hat{\boldsymbol{\beta}})'\,(\mathbf{y} - \mathbf{X}'\,\hat{\boldsymbol{\beta}})\,. \qquad (1.5.9)$$

S_1 wird Restsumme genannt. (Für den Anwender allgemein bekannt als SQ_{Rest}.) Um übersichtliche Verallgemeinerungen durchführen zu können, führt man die Bezeichnung

$$\overset{(0)}{\mathbf{y}} = \mathbf{X}'\,\hat{\boldsymbol{\beta}} \qquad (1.5.10)$$

ein und nennt $\overset{(0)}{\mathbf{y}}$ den Regressionswert von $\mathbf{y}$ unter Ω. Dann ist

$$S_1 = (\mathbf{y} - \overset{(0)}{\mathbf{y}})'\,(\mathbf{y} - \overset{(0)}{\mathbf{y}})\,. \qquad (1.5.11)$$

Als Schätzung für σ^2 erhält man dann

$$\hat{\sigma}^2 = \frac{S_1}{n}\,. \qquad (1.5.12)$$

Die Größe S_1/σ^2 besitzt eine χ^2-Verteilung mit $n - p$ Freiheitsgraden, kürzer: $S_1/\sigma^2 \ldots \chi^2\,(n - p)$. Folglich ist der Erwartungswert $E(S_1) = (n - p)\,\sigma^2$ und somit $S_1/(n - p)$ eine erwartungstreue Schätzung für σ^2. Mit anderen Worten, $SQ_{\text{Rest}}/FG_{\text{Rest}}$ (mit FG als Abkürzung für Freiheitsgrade) ist eine erwartungstreue Schätzung für die Fehlervarianz σ^2.

1.6. Die Schätzwerte für β_j und σ^2 unter ω; die Normalgleichungen

Eine weitere Beschränkung der zulässigen Parameter war durch die Hypothese H gegeben, die man durch $\mathbf{K}\boldsymbol{\beta} = \mathbf{0}$ beschreiben kann. Es war zu prüfen, ob die Parameter $\beta_1, \beta_2, \ldots, \beta_p$ noch $r < p$ linear unabhängige Bedingungen erfüllen. Wir bezeichneten diese Einschränkung mit $\omega = \Omega \cap H$. Die ML-Schätzungen unter Ω bezeichneten wir mit $\hat{\beta}_j$ bzw. $\hat{\sigma}^2$. Gesucht sind die ML-Schätzungen β_j^* und σ^{*2} unter ω. Mit β_j^* bezeichnen wir diejenigen Größen, die

$$S = (\mathbf{y} - \mathbf{X}'\boldsymbol{\beta})'(\mathbf{y} - \mathbf{X}'\boldsymbol{\beta})$$

unter der Bedingung $\mathbf{K}\boldsymbol{\beta} = \mathbf{0}$ minimieren. Es handelt sich um eine Extremwertaufgabe mit r Nebenbedingungen. Wir verwenden zu ihrer Lösung die Methode der LAGRANGEschen Multiplikatoren.

Sei $\varrho' = (\varrho_1, \varrho_2, \ldots, \varrho_r)$ der Vektor der LAGRANGEschen Multiplikatoren, mit dessen Hilfe man die folgende Funktion φ konstruiert:

$$\varphi = (\mathbf{y} - \mathbf{X}'\boldsymbol{\beta})'(\mathbf{y} - \mathbf{X}'\boldsymbol{\beta}) + 2\boldsymbol{\beta}'\mathbf{K}'\boldsymbol{\varrho}. \tag{1.6.1}$$

Aus den $p + r$ Gleichungen

$$\frac{\partial\varphi}{\partial\beta_\pi} = 0 \qquad (\pi = 1, 2, \ldots, p), \tag{1.6.2}$$
$$\mathbf{K}\boldsymbol{\beta} = \mathbf{0}$$

erhält man dann die Schätzungen $\boldsymbol{\beta}^*$. Die partielle Differentiation von φ ergibt die p Gleichungen

$$-\mathbf{X}\mathbf{y} + \mathbf{X}\mathbf{X}'\boldsymbol{\beta}^* + \mathbf{K}'\boldsymbol{\varrho} = \mathbf{0},$$

und wir erhalten zusammen mit den Bedingungen $\mathbf{K}\boldsymbol{\beta}^* = \mathbf{0}$ das System der Normalgleichungen für die Schätzwerte $\boldsymbol{\beta}^*$ unter ω

$$\mathbf{X}\mathbf{X}'\boldsymbol{\beta}^* + \mathbf{K}'\boldsymbol{\varrho} = \mathbf{X}\mathbf{y}, \tag{1.6.3}$$
$$\mathbf{K}'\boldsymbol{\beta}^* = \mathbf{0}.$$

Sei $\overset{(1)}{\mathbf{y}}$ der Regressionswert von $\mathbf{y}$ unter ω, so gilt

$$\overset{(1)}{\mathbf{y}} = \mathbf{X}' \boldsymbol{\beta}^* . \qquad (1.6.4)$$

Für die ML-Schätzungen β_j^* ist die Summe $S = (\mathbf{y} - \mathbf{X}' \boldsymbol{\beta})'$ $(\mathbf{y} - \mathbf{X}' \boldsymbol{\beta})$ unter ω minimal, wir setzen

$$S_2 = \underset{\omega}{\mathrm{Min}}\, S = (\mathbf{y} - \overset{(1)}{\mathbf{y}})' (\mathbf{y} - \overset{(1)}{\mathbf{y}}) . \qquad (1.6.5)$$

Als Schätzung für σ^2 unter ω erhält man

$$\sigma^{*2} = S_2/n . \qquad (1.6.6)$$

1.7. Der Likelihood-Quotiententest. Der Test der Hypothese H : $\mathbf{K}\boldsymbol{\beta} = 0$

Auf Grund einer gegebenen Stichprobe $y_1, y_2, \ldots, y_n$ soll die Hypothese $H{:}\mathbf{K}\boldsymbol{\beta} = 0$ geprüft werden. Man braucht dazu ein Testkriterium. Das Maximum-Likelihood-Quotientenkriterium führt zu der zu diesem Test erforderlichen Prüfverteilung. Bei gegebener Stichprobe $y_1, y_2, \ldots, y_n$ sei

$$L_\omega = \underset{\omega}{\mathrm{Max}}\, L(\mathbf{y}; \boldsymbol{\beta}) = L(\mathbf{y}; \boldsymbol{\beta}^*)$$

und

$$L_\Omega = \underset{\Omega}{\mathrm{Max}}\, L(\mathbf{y}; \boldsymbol{\beta}) = L(\mathbf{y}; \hat{\boldsymbol{\beta}}) .$$

Die Likelihood-Quotienten-Statistik zum Test der Hypothese H ist wie folgt definiert:

$$\lambda = \frac{L_\omega}{L_\Omega} = \frac{L(\mathbf{y}; \overset{*}{\boldsymbol{\beta}})}{L(\mathbf{y}; \hat{\boldsymbol{\beta}})} . \qquad (1.7.1)$$

Die Größe λ ist aus dem Intervall $0 \leqq \lambda \leqq 1$, da jeder Wert von $L(\mathbf{y}; \boldsymbol{\beta})$, der unter der Bedingung ω möglich ist auch unter Ω möglich ist.

Das Testverfahren läßt sich inhaltlich wie folgt erklären: Ist λ für eine gegebene Stichprobe $y_1, y_2, \ldots, y_n$ ungefähr 1, d. h., ist L_ω ungefähr gleich L_Ω, so ist auf Grund der maximalen Wahrscheinlichkeitsdichte, die der

Menge der Parameter β_j im Bereich ω zugeordnet ist, beim Übergang zu Parameterwerten im Bereich Ω außerhalb ω keine wesentliche Änderung mehr zu erwarten und eine Unterstützung der Hypothese H scheint gerechtfertigt. Liegt λ in der Nähe von 0, so wird man H nicht annehmen. Betrachtet man jetzt $\mathbf{y}$ als zufälligen Vektor, dann ist λ eine zufällige Veränderliche, und der Likelihood-Quotiententest besteht darin, die Hypothese H abzulehnen, wenn $\lambda < \lambda_\alpha$, wobei λ_α durch Vorgabe der Wahrscheinlichkeit α eines Fehlers 1. Art bestimmt ist durch

$$\int_0^{\lambda_\alpha} f(\lambda|\omega)\, d\lambda = \alpha\,,$$

wenn $f(\lambda|\omega)$ die Wahrscheinlichkeitsdichte der zufälligen Veränderlichen λ bei Gültigkeit der Hypothese H ist. In der Praxis verwendet man als Testcharakteristik eine Funktion $\mathcal{F} = \mathcal{F}(\lambda)$ der Art

$$\mathcal{F}(\lambda) = \frac{n-p}{r}\,(\lambda^{-2/n} - 1)\,.$$

$\mathcal{F}(\lambda)$ ist im Argumentbereich $0 \leqq \lambda \leqq 1$ eine monoton fallende Funktion von λ. Folglich ist die Ablehnung der Hypothese H bei $\lambda < \lambda_\alpha$ äquivalent mit der Ablehnung von H bei $\mathcal{F} > \mathcal{F}_\alpha$, wenn man unter $\mathcal{F}_\alpha = \mathcal{F}(\lambda_\alpha)$ versteht.

Man kann zeigen, daß die zufällige Veränderliche $\mathcal{F}(\lambda)$ bei Gültigkeit der Hypothese H einer F-Verteilung mit r und $n - p$ Freiheitsgraden folgt (Scheffé (1958)).

Da die Likelihood-Funktion L von der Gestalt

$$L = (2\,\pi)^{-n/2}\,(\sigma^2)^{-n/2} \exp\left(-\frac{1}{2\,\sigma^2}\,S\right)$$

ist, erhält man für L_ω unter Berücksichtigung von (1.6.5) und (1.6.6)

$$L_\omega = (2\,\pi)^{-n/2}\,(S_2/n)^{-n/2} \exp\,(-\,n/2)$$

und nach (1.5.9) und (1.5.12)

$$L_\Omega = (2\,\pi)^{-n/2}\,(S_1/n)^{-n/2} \exp\,(-\,n/2)\,;$$

damit ist

$$\lambda = (S_1/S_2)^{n/2}$$

und folglich

$$\mathcal{F}(\lambda) = \frac{n-p}{r}\frac{S_2 - S_1}{S_1} \qquad (1.7.2)$$

eine Größe, die eine F-Verteilung mit r und $n - p$ Freiheitsgraden besitzt.

1.8. Die Hypothese $\mu_1 = \mu_2 = \cdots = \mu_p$ der einfachen Klassifikation als Spezialfall der allgemeinen linearen Hypothese

Gegeben seien p Stichproben.

Nr. der Stichproben	1	2	$\ldots j \ldots$	$\ldots p$
	y_{11}	y_{21}	y_{j1}	y_{p1}
	y_{12}	y_{22}	y_{j2}	y_{p2}
	.	.	.	.
	.	.	.	.
	.	.	.	.
	y_{1n_1}	y_{2n_2}	y_{jn_j}	y_{pn_p} .

Wir nehmen an, daß die j-te Stichprobe aus einer normalverteilten Grundgesamtheit mit dem Erwartungswert μ_j und der Varianz σ^2 stammt. Alle Beobachtungsgrößen $y_{j\varrho}$ $(j = 1, 2, \ldots, p;\ \varrho = 1, 2, \ldots, n_j)$ seien Realisierungen stochastisch unabhängiger zufälliger Veränderlicher. Bei vorliegenden Ergebnissen $y_{j\varrho}$ eines Experiments soll folgende Hypothese geprüft werden:

$$H : \mu_1 = \mu_2 = \cdots = \mu_p\,. \qquad (1.8.1)$$

Solche Fragestellung tritt in Wissenschaft und Technik häufig auf. Wenn man z. B. p Weizensorten auf ihren Ertrag hin prüfen will, dann wird man aus den p Stichproben p Ertragsmittel erhalten, die es dann zu vergleichen gilt. Es wurde hierbei nach einem wirkenden Faktor klassifiziert, nach den Sorten. Man spricht von einer einfachen Klassifizierung. Ebenso kann man auch p Meßmethoden vergleichen, p Lehrmethoden, die Wirkung von p verschiedenen Konzentrationen eines chemischen Stoffes u. a. Für die ϱ-te Beobachtung der j-ten Stichprobe soll gelten

$$y_{j\varrho} = \mu_j + e_{j\varrho} \quad (j = 1, \ldots, p;\ \varrho = 1, \ldots, n_j) \quad (1.8.2)$$

mit μ_j als Mittel der j-ten Grundgesamtheit, $e_{j\varrho}$ unabhängig und $N(0, \sigma^2)$.

Um die einfache Klassifikation in der bisher beschriebenen allgemeinen Darstellung zu erhalten, setzt man $y_1 = y_{11}, \ldots, y_{n_1} = y_{1n_1}, \ldots, y_n = y_{pn_p}$. Damit erhält man den Vektor der Beobachtungsgrößen $\mathbf{y} = (y_1, \ldots, y_n)'$. Ferner ist $\sum_{j=1}^{p} n_j = n$. Die Matrix $\mathbf{X}$ ist von folgender Struktur:

$$\mathbf{X} = \begin{pmatrix} 1 \ldots 1 & 0 \ldots 0 & \ldots & 0 \ldots 0 \\ 0 \ldots 0 & 1 \ldots 1 & \ldots & 0 \ldots 0 \\ 0 \ldots 0 & 0 \ldots 0 & \ldots & 0 \ldots 0 \\ \ldots & \ldots & \ldots & \ldots \\ \underbrace{0 \ldots 0}_{n_1} & \underbrace{0 \ldots 0}_{n_2} & \ldots & \underbrace{1 \ldots 1}_{n_p} \end{pmatrix}.$$

Die zu schätzenden unbekannten Parameter β_j $(j = 1, \ldots, p)$ sind die Mittel μ_j $(j = 1, \ldots, p)$, d. h. $\boldsymbol{\beta} = \boldsymbol{\mu} = (\mu_1, \ldots, \mu_p)'$. Damit erhält man die Erwartungswerte der $y_{j\varrho}$ als lineare Formen der μ_j:

$$E(\mathbf{y}) = \mathbf{X}' \boldsymbol{\mu}.$$

Die Schätzwerte $\hat{\mu}_j$ der Parameter erhält man aus den Normalgleichungen wie folgt:

Es ist Rang $(\mathbf{X}) = p$ und Rang $(\mathbf{X}\mathbf{X}') =$ Rang $(\mathbf{A}) = p$, d. h., wir haben ein Gleichungssystem von vollem Rang vor uns. $\mathbf{A}^{-1}$ existiert, und wir erhalten aus $\hat{\beta} = \mathbf{A}^{-1}\mathbf{X}\mathbf{y}$ jetzt entsprechend $\hat{\boldsymbol{\mu}} = \mathbf{A}^{-1}\mathbf{X}\mathbf{y}$. Da

$$\mathbf{A} = \begin{pmatrix} n_1 & & 0 \\ & \ddots & \\ 0 & & n_p \end{pmatrix},$$

ist folglich

$$\mathbf{A}^{-1} = \begin{pmatrix} 1/n_1 & & 0 \\ & \ddots & \\ 0 & & 1/n_p \end{pmatrix},$$

und auf Grund der Struktur von $\mathbf{X}$ erhält man für die Schätzungen $\hat{\mu}_j$ der Parameter μ_j ($j = 1, \ldots, p$) unter Ω sofort

$$\hat{\boldsymbol{\mu}} = \begin{pmatrix} 1/n_1 \sum\limits_{\varrho=1}^{n_1} y_{1\varrho} \\ \vdots \\ 1/n_p \sum\limits_{\varrho=1}^{n_p} y_{p\varrho} \end{pmatrix} = \begin{pmatrix} y_{1.} \\ \vdots \\ y_{p.} \end{pmatrix},$$

wobei wir unter $y_{j.}$ das arithmetische Mittel der j-ten Stichprobe verstehen.

Die Hypothese $H: \mu_1 = \cdots = \mu_p$ kann man in $r = p - 1$ linear unabhängige Beziehungen zwischen den Parametern $\mu_1, \ldots, \mu_p$ ausdrücken:

$$\begin{aligned} \mu_1 - \mu_2 \qquad\qquad &= 0 \\ \mu_1 \qquad - \mu_3 \qquad &= 0 \\ \cdots\cdots\cdots\cdots\cdots &\cdots \\ \mu_1 \qquad\qquad - \mu_p &= 0\,. \end{aligned}$$

D. h., die Hypothese H ist als allgemeine lineare Hypothese aufzufassen. Die $r = p - 1$ linear unabhängigen Bedingungen entsprechen dem Ausdruck

$$\mathbf{K}\boldsymbol{\mu} = \mathbf{0}\,.$$

Der Regressionswert von $\mathbf{y}$ unter Ω ergibt sich somit zu

$$\overset{(0)}{\mathbf{y}} = \mathbf{X}'\hat{\boldsymbol{\mu}}$$

bzw.

$$\overset{(0)}{y}_{j\varrho} = y_{j.}\,,$$

und daher ist

$$S_1 = (\mathbf{y} - \overset{(0)}{\mathbf{y}})'(\mathbf{y} - \overset{(0)}{\mathbf{y}}) = \sum_{j=1}^{p} \sum_{\varrho=1}^{n_j} (y_{j\varrho} - y_{j.})^2\,,$$

was in der Varianzanalyse als SQ_{Rest} und im Falle der einfachen Klassifikation als $SQ_{\text{innerhalb der Klassen}}$ bekannt ist. Den Regressionswert von $\mathbf{y}$ unter ω erhält man, wenn man den allen μ_j gleichen Wert mit μ bezeichnet und diesen Wert schätzt. Daraus ergibt sich dann

$$\overset{(1)}{\mathbf{y}} = \mathbf{X}' \mu^*$$

bzw.

$$\overset{(1)}{y}_{j\varrho} = y_{..}$$

und somit

$$S_2 = (\mathbf{y} - \overset{(1)}{\mathbf{y}})' (\mathbf{y} - \overset{(1)}{\mathbf{y}}) = \sum_{j=1}^{p} \sum_{\varrho=1}^{n_j} (y_{j\varrho} - y_{..})^2 ,$$

wobei

$$y_{..} = 1/n \sum_{j=1}^{p} \sum_{\varrho=1}^{n_j} y_{j\varrho} .$$

S_2 ist in der Varianzanalyse als SQ_{Tot} bekannt. Die Differenz

$$S_2 - S_1 = \sum_{j=1}^{p} \sum_{\varrho=1}^{n_j} (y_{j.} - y_{..})^2 = \sum_{j=1}^{p} n_j (y_{j.} - y_{..})^2$$

nennt man $SQ_{\text{zwischen den Klassen}}$.

Als Kriterium zum Prüfen der Hypothese $H: \mu_1 = \cdots = \mu_p$ erhält man nach (1.7.2) (unter Berücksichtigung, daß in unserem Falle $r = p - 1$ ist) die zufällige Veränderliche

$$F = \frac{n-p}{p-1} \cdot \frac{SQ_{\text{zwischen den Klassen}}}{SQ_{\text{innerhalb der Klassen}}} .$$

Diese Größe besitzt eine F-Verteilung mit $f_1 = p - 1$ und $f_2 = n - p$ Freiheitsgraden. Bei vorgegebenem α wird die Hypothese H angenommen, wenn

$$F \leqq F_\alpha(f_1, f_2) = F_\alpha(p - 1, n - p) .$$

Diese Ergebnisse entsprechen der Varianzanalyse der einfachen Klassifikation. Die Hypothese H ist als Spezialfall der allgemeinen linearen Hypothese aufzufassen.

Meist wird bei der einfachen Klassifikation folgende Modellgleichung angesetzt

$$y_{j\varrho} = \mu + \alpha_j + e_{j\varrho} \qquad (j = 1, \ldots, p;\ \varrho = 1, \ldots, n) \tag{1.8.3}$$

μ ist ein allgemeines Mittel, α_j — Effekt der j-ten Stichprobe, $e_{j\varrho} \ldots N(0, \sigma^2)$.

Man sieht leicht, daß die Matrix $\mathbf{X}$ für diesen Fall nicht mehr von vollem Rang und das System der Normalgleichungen dadurch nicht mehr eindeutig lösbar ist. Durch Hinzunahme einer sogenannten Reparametrisierungsbedingung, in diesem Fall $\sum_{j=1}^{p} n_j \alpha_j = 0$, erreicht man wieder eindeutige Lösbarkeit. Die Bedingung $\sum_j n_j \alpha_j = 0$ bedeutet keine Beschränkung der Allgemeinheit, da die α_j als Abweichungen vom allgemeinen Mittel μ aufzufassen sind. Alle weiteren Ableitungen dieses Abschnittes bleiben dann gültig.

Der Fall Rang $(\mathbf{X}) < p$ tritt bei der zwei- und mehrfachen Klassifizierung auf. Seine allgemeine Formulierung in bezug auf die lineare Hypothese wird im Abschnitt 1.10 gegeben und am Beispiel der zweifachen Klassifizierung verifiziert.

1.9. Die Hypothesen bei mehrfach klassifizierten Versuchsanlagen als Spezialfälle der allgemeinen linearen Hypothese

Bei den mehrfach klassifizierten Versuchsanlagen kommen mehrere verschiedene Hypothesen vor, die sich alle als Spezialfälle der allgemeinen linearen Hypothese (1.3.5) bzw. (1.3.6) auffassen lassen. Betrachten wir die in Tabelle 1 gegebene zweifache Klassifizierung. Für die Beobachtungen legten wir das lineare Modell (1.2.5) zugrunde

$$y_{ij} = \mu + \alpha_i + \beta_j + e_{ij}$$
$$(i = 1, 2, \ldots, a;\ j = 1, 2, \ldots, b)$$

mit μ als allgemeines Mittel, α_i Haupteffekte der Stufen des Faktors A (Sorteneffekte), β_j Haupteffekte der Stufen des Faktors B (Effekte der Wiederholungen), e_{ij} unabhängig und $N(0, \sigma^2)$.

Den Versuchsansteller interessieren in diesem Falle Hypothesen der Art:

$$H_A: \alpha_i = 0 \qquad (i = 1, 2, \ldots, a)\,,$$
$$H_B: \beta_j = 0 \qquad (j = 1, 2, \ldots, b)\,.$$

Von den insgesamt $p = a + b + 1$ Parametern $(\mu, \alpha_1, \ldots, \alpha_a, \beta_1, \ldots, \beta_b) = (\beta_1, \ldots, \beta_p)$ werden im Fall der Hypothese $H_A: \alpha_i = 0$ $(i = 1, 2, \ldots, a)$ an a Parameter zusätzliche Bedingungen gestellt, die sich in Form eines Gleichungssystems von $a - 1$ unabhängigen Gleichungen auffassen lassen:

$$\alpha_1 = \alpha_2 = \cdots = \alpha_a = 0$$

bedeutet

$$\begin{aligned} \alpha_1 - \alpha_2 \qquad\qquad &= 0\,,\\ \alpha_1 \qquad - \alpha_3 \qquad &= 0\,,\\ \ldots\ldots\ldots\ldots\ldots\ldots&\ldots\\ \alpha_1 \qquad\qquad - \alpha_a &= 0 \end{aligned}$$

bzw.

$$\mathbf{K}\,\boldsymbol{\alpha} = 0 \tag{1.9.1}$$

mit Rang $(\mathbf{K}) = r = a - 1$.

Der Hypothese $H_A: \alpha_i = 0$ für alle i entspricht also ein Gleichungssystem $\mathbf{K}\,\boldsymbol{\alpha} = 0$, d. h., durch die Hypothese H_A wird dem Parameterraum Ω eine weitere Beschränkung auferlegt: $\omega = \Omega \cap H_A$. Entsprechend kann man die Hypothese $H_B: \beta_j = 0$ $(j = 1, 2, \ldots, b)$ formulieren.

Bei höher klassifizierten Versuchsanlagen geht man analog vor. Auf diese Weise kann man jede lineare Hypothese über die Haupteffekte (und wenn vorhanden Wechselwirkungseffekte) in Modellgleichungen der Varianzanalyse als Spezialfälle der allgemeinen linearen Hypohese (1.3.5) bzw. (1.3.6) auffassen.

1.10. Der Fall Rang(**X**) $< p$

Wie schon erwähnt, tritt dieser Fall bei allen mehrfach klassifizierten Versuchsanlagen auf und damit sind die Normalgleichungen (1.5.7), die uns die Schätzungen der Parameter β_j liefern, nicht mehr eindeutig lösbar. (Schon bei der einfachen Klassifizierung tritt der Fall auf, wenn man die Modellgleichung (1.8.3) zugrunde legt.) Wir wollen das am Beispiel der zweifachen Klassifizierung prüfen.

Bei der Annahme der Modellgleichung (1.2.5) für die zweifache Klassifizierung erhält man für die Größen y_{ij} folgende Erwartungswerte

$$
\begin{array}{llllllll}
E(y_{11}) = \mu & + \alpha_1 & & & + \beta_1 & & & \\
E(y_{12}) = \mu & + \alpha_1 & & & & + \beta_2 & & \\
\multicolumn{8}{c}{\dots\dots\dots\dots\dots\dots\dots\dots\dots\dots\dots\dots} \\
E(y_{1b}) = \mu & + \alpha_1 & & & & & & + \beta_b \\
E(y_{21}) = \mu & & + \alpha_2 & & + \beta_1 & & & \\
E(y_{22}) = \mu & & + \alpha_2 & & & + \beta_2 & & \\
\multicolumn{8}{c}{\dots\dots\dots\dots\dots\dots\dots\dots\dots\dots\dots\dots} \\
E(y_{2b}) = \mu & & + \alpha_2 & & & & & + \beta_b \\
\multicolumn{8}{c}{\dots\dots\dots\dots\dots\dots\dots\dots\dots\dots\dots\dots} \\
E(y_{a1}) = \mu & & & + \alpha_a & + \beta_1 & & & \\
E(y_{a2}) = \mu & & & + \alpha_a & & + \beta_2 & & \\
\multicolumn{8}{c}{\dots\dots\dots\dots\dots\dots\dots\dots\dots\dots\dots\dots} \\
E(y_{ab}) = \mu & & & + \alpha_a & & & & + \beta_b
\end{array}
$$

Daraus erkennt man sofort die Struktur der Matrix **X**′ (s. S.34.)

Faßt man die Größen $y_{11}, \dots, y_{ab}$ als Kolonnenvektor $\mathbf{y} = (y_1, \dots, y_n)'$ und die $1 + a + b$ Parameter $\mu, \alpha_1, \dots, \alpha_a, \beta_1, \dots, \beta_b$ als Kolonnenvektor $\boldsymbol{\beta} = (\beta_1, \dots, \beta_p)'$ auf, so erhält man wieder für die Erwartungswerte der Größen y_i die linearen Formen

$$E(\mathbf{y}) = X' \boldsymbol{\beta} .$$

$$
\mathbf{X}' = \left(\begin{array}{cccccccc}
1 & 1 & 0 & \cdots & 0 & 1 & \cdots & 0 \\
\cdot & \cdot & & & \cdot & \cdot & & \\
\cdot & \cdot & & & \cdot & & \cdot & \\
\cdot & \cdot & & & \cdot & & & \cdot \\
\cdot & 1 & 0 & & \cdot & 0 & & 1 \\
\cdot & 0 & 1 & & \cdot & 1 & & 0 \\
\cdot & \cdot & \cdot & & \cdot & \cdot & & \\
\cdot & \cdot & \cdot & & \cdot & & \cdot & \\
\cdot & \cdot & \cdot & & \cdot & & & \cdot \\
\cdot & \cdot & 1 & & \cdot & 0 & & 1 \\
\cdot & \cdot & 0 & & \cdot & & & \\
\cdot & \cdot & \cdot & & \cdot & & & \\
\cdot & \cdot & \cdot & & \cdot & & & \\
\cdot & \cdot & \cdot & & \cdot & & & \\
\cdot & \cdot & \cdot & & 0 & & & \\
\cdot & \cdot & \cdot & & 1 & 1 & & 0 \\
\cdot & \cdot & \cdot & & \cdot & \cdot & & \\
\cdot & \cdot & \cdot & & \cdot & & \cdot & \\
\cdot & \cdot & \cdot & & \cdot & & & \cdot \\
1 & 0 & 0 & \cdots & 1 & 0 & & 1
\end{array}\right) .
$$

$$\qquad\qquad a \qquad\qquad\qquad b$$

Man sieht sofort, daß die Matrix $\mathbf{X}$ nicht von vollem Rang $p = 1 + a + b$ ist, denn die erste Kolonne in $\mathbf{X}'$ ist gleich der Summe der darauffolgenden a Kolonnen und entsprechend ist die 1. Kolonne die Summe der letzten b Kolonnen. Folglich ist Rang $(\mathbf{X}) < p$.

In unserem Fall ist

$$\text{Rang}\,(\mathbf{X}) = a + b + 1 - 2 = a + b - 1\,. \tag{1.10.1}$$

Wir wollen den Fall *Rang*$(\mathbf{X}) < p$ allgemeiner betrachten und kurz andeuten, wie er zu behandeln ist.

Ist $p' < p$ der Rang von $\mathbf{X}$ dann kann man $\mathbf{X}$ wie folgt zerlegen

$$\mathbf{X} = \begin{pmatrix} \mathbf{X}^{(1)}_{(p,\, n)} \\ \mathbf{C}_{(p-p',\, p)}\; \mathbf{X}_{(p',\, n)} \end{pmatrix} . \tag{1.10.2}$$

Dem entspricht eine Aufteilung des Vektors $\boldsymbol{\beta}$ der Parameter in

$$\boldsymbol{\beta} = \begin{pmatrix} \boldsymbol{\beta}_1 \\ \boldsymbol{\beta}_2 \end{pmatrix} = \begin{pmatrix} \boldsymbol{\beta}_{(p',1)} \\ \boldsymbol{\beta}_{(p-p',1)} \end{pmatrix}. \qquad (1.10.3)$$

Das System der Normalgleichungen (1.5.7) für die Schätzungen $\hat{\beta}_j$ geht unter Berücksichtigung der Aufteilung (1.10.2) und (1.10.3) in das folgende Gleichungssystem über

$$\mathbf{X}^{(1)}\mathbf{X}^{(1)\prime}\boldsymbol{\beta}_1 + \mathbf{X}^{(1)}\mathbf{X}^{(1)\prime}\mathbf{C}'\boldsymbol{\beta}_2 = \mathbf{X}^{(1)}\mathbf{y}_{(p',1)},$$
$$\mathbf{C}\mathbf{X}^{(1)}\mathbf{X}^{(1)\prime}\boldsymbol{\beta}_1 + \mathbf{C}\mathbf{X}^{(1)}\mathbf{X}^{(1)\prime}\mathbf{C}'\boldsymbol{\beta}_2 = \mathbf{C}\mathbf{X}^{(1)}\mathbf{y}_{(p-p',1)}.$$

Die letzten $p - p'$ Gleichungen sind Linearkombinationen der ersten p' Gleichungen, das System der Normalgleichungen ist also nicht eindeutig lösbar.

Wenn man für die Parameter β_j $(j = 1, \ldots, p)$ p' linear unabhängige zusätzliche Bedingungen

$$\mathbf{D}\boldsymbol{\beta} = 0 \qquad (1.10.4)$$

derart definieren kann, daß der Rang der zusammengesetzten Matrix $\begin{pmatrix} \mathbf{D} \\ \mathbf{X} \end{pmatrix}$ gerade p ergibt, dann ist das Normalgleichungssystem wieder eindeutig lösbar.

Die zusätzlichen Bedingungen nennt man Reparametrisierungsbedingungen. Sie sind für die mehrfach klassifizierten Versuchsanlagen so zu wählen, daß sie für die praktischen Gegebenheiten als vertretbar erscheinen.

Im betrachteten Falle der zweifachen Klassifizierung war Rang $(\mathbf{X}) = p - p' = 1 + a + b - 2 = a + b - 1$. Die $p' = 2$ Reparametrisierungsbedingungen können wie folgt gewählt werden:

$$\sum_{i=1}^{a} \alpha_i = 0\,, \qquad \sum_{j=1}^{b} \beta_j = 0\,. \qquad (1.10.5)$$

$\sum_{i=1}^{a} \alpha_i = 0$ z. B. bedeutet bei der angenommenen Additivität des Modells, daß die Summe der Differenzen der Zeilenmittel vom Gesamtmittel gleich Null wird. Entsprechend gilt das für die Kolonnenmittel bei der Bedingung $\sum_{j=1}^{b} \beta_j = 0$. Das sind aber Forderungen, die mit den praktischen Gegebenheiten vereinbar sind. Eine ausführliche Analyse solcher und ähnlicher Modelle findet der Leser u. a. bei O. Kempthorne (1952).

Die zu jeder Modellgleichung gehörenden Reparametrisierungsbedingungen werden in Zukunft gleich mit angegeben.

1.11. *Orthogonale Versuchsanlagen*

Die mit (1.5.7) angegebenen Normalgleichungen haben für den Fall einer zweifachen Klassifikation mit der Modellgleichung

$$y_{ij} = \mu + \alpha_i + \beta_j + e_{ij}$$
$$(i = 1, 2, \ldots, a;\ j = 1, 2, \ldots, b)$$

und den Reparametrisierungsbedingungen

$$\sum_{i=1}^{a} \alpha_i = 0\,, \qquad \sum_{j=1}^{b} \beta_j = 0$$

die folgende Gestalt:[1])

$$\begin{aligned} a\,\hat{\mu} \quad & && = Y_{..} \\ b\,\mu + b\,\hat{\alpha}_i & && = Y_{i.} \quad (i = 1, 2, \ldots, a) \\ a\,\hat{\mu} + \quad & && + a\,\beta_j = Y_{.j} \quad (j = 1, 2, \ldots, b) \end{aligned}$$

mit

$$Y_{..} = \sum_i \sum_j y_{ij}\,, \qquad Y_{i.} = \sum_{j=1}^{b} y_{ij}\,, \qquad Y_{.j} = \sum_{i=1}^{a} y_{ij}\,.$$

Daraus erhält man die Schätzungen für das allgemeine Mittel und für die Haupteffekte α_i und β_j:

$$\hat{\mu} = y_{..}\,, \qquad \hat{\alpha}_i = y_{i.} - y_{..}\,, \qquad \hat{\beta}_j = y_{.j} - y_{..}\,,$$

wobei

$$y_{..} = \frac{Y_{..}}{a\,b}\,, \qquad y_{i.} = \frac{Y_{i.}}{b}\,, \qquad y_{.j} = \frac{Y_{.j}}{a}\,.$$

[1]) Die Aufstellung der Normalgleichungen erfolgt noch einmal im Detail im Abschnitt 2.2.

Die Schätzungen $\hat{\mu}$, $\hat{\alpha}_i$, $\hat{\beta}_j$ sind Linearformen der Beobachtungsgrößen y_{ij}.

Wegen $\sum_{i=1}^{a} (y_{i\cdot} - y_{\cdot\cdot}) = 0$ und $\sum_{j=1}^{b} (y_{\cdot j} - y_{\cdot\cdot}) = 0$

gibt es $a - 1$ linear unabhängige Schätzungen $\hat{\alpha}_i$ und $b - 1$ linear unabhängige Schätzungen $\hat{\beta}_j$.

Geometrisch gesprochen spannen die Schätzungen $\hat{\alpha}_1, \ldots, \hat{\alpha}_a$ einen $(a - 1)$-dimensionalen und die Schätzungen $\hat{\beta}_1, \ldots, \hat{\beta}_b$ einen $(b - 1)$-dimensionalen Raum auf. $\hat{\mu}$ spannt einen eindimensionalen Raum auf. Man kann leicht zeigen, daß je zwei lineare Funktionen aus verschiedenen Räumen orthogonal sind, was in wahrscheinlichkeitstheoretischer Deutung bei Annahme der Normalität für die y_{ij} statistische Unabhängigkeit bedeutet. Z. B. ist $E\,(y_{i\cdot} - y_{\cdot\cdot})\,(y_{j\cdot} - y_{\cdot\cdot}) = 0$ und ebenso $E\,(y_{i\cdot} - y_{\cdot\cdot})\,(y_{\cdot\cdot}) = 0$ und auch noch jede andere Kombination von $\hat{\mu}$, $\hat{\alpha}_i$ und $\hat{\beta}_i$. Das wurde am Modell der zweifachen Klassifikation demonstriert, ausgehend von den Normalgleichungen. Im allgemeinen Fall lauten die Normalgleichungen

$$\mathbf{X}\,\mathbf{X}'\,\boldsymbol{\beta} = \mathbf{X}\,\mathbf{y}$$

bzw.

$$\mathbf{A}\,\hat{\boldsymbol{\beta}} = \mathbf{a}$$

mit $\mathbf{X}\,\mathbf{X}' = \mathbf{A}$ und $\mathbf{X}\,\mathbf{y} = \mathbf{a}$.

Die Matrix $\mathbf{A}$ geht aus den Größen x_{ji} des linearen Modells hervor (die im Falle der Varianzanalyse nur 0 oder 1 sind).

Die Struktur von $\mathbf{A}$ hängt also nur von der Anordnung der Beobachtungsdaten $y_1, \ldots, y_n$ ab, d. h. von der gerade betrachteten Versuchsanlage. Die Struktur hängt nicht von den Beobachtungsdaten selbst ab.

Nach Abschnitt 1.5 erhalten wir für die Schätzungen $\hat{\boldsymbol{\beta}}$ die Beziehung

$$\hat{\boldsymbol{\beta}} = \mathbf{A}^{-1}\,\mathbf{a}$$

und für die Kovarianzmatrix der Schätzungen

$$\sum_{\hat{\beta}} = \sigma^2 \mathbf{A}^{-1} .$$

Die vorhin am Beispiel der zweifachen Klassifikation nachgewiesene Orthogonalität kommt im allgemeinen Fall in der Kovarianzmatrix $\sum_{\hat{\beta}}$ zum Ausdruck. Sie unterscheidet sich aber von $\mathbf{A}^{-1}$ nur um einen konstanten Faktor. Da in die Matrix $\mathbf{A}^{-1}$ nur die x_{ji} Werte des linearen Modells eingehen, besteht ein direkter Zusammenhang zwischen dem statistischen Unabhängigkeitsbegriff bzw. der Orthogonalität und dem Versuchsplan.

Man sieht leicht, daß bei einer ungleichen Anzahl von Beobachtungsgrößen pro Unterklasse die Unabhängigkeit der Schätzwerte der Haupteffekte verschiedener Faktoren verlorengeht. (Z. B. bei der zweifachen Klassifikation ist bei ungleicher Besetzung $E\ \hat{\alpha}_i \hat{\beta}_j \neq 0$.)

Daher nennt man auch die Versuchspläne mit einer gleichen Anzahl von Beobachtungen pro Unterklasse *orthogonale* Versuchspläne oder, in bezug auf die Besetzung, *balanzierte* Versuchspläne. Versuchspläne mit ungleicher Anzahl von Beobachtungen je Unterklasse nennt man *nichtorthogonale* oder *unbalanzierte* Versuchspläne.

Bei orthogonalen Versuchsplänen kann man eine beliebige Gruppe von Haupteffekten eines Faktors (z. B. des Faktors A) ohne Rücksicht auf eine Gruppe von Haupteffekten eines anderen Faktors (z. B. des Faktors B) schätzen. Bei Nichtorthogonalität geht diese Eigenschaft verloren.

Die Orthogonalität einer Versuchsanlage hat für die Varianzanalyse noch weitergehende Konsequenzen, speziell in bezug auf das Prüfen von Hypothesen. Wenn man die Hypothese $H_A : \alpha_i = 0$ $(i = 1, \ldots, a)$ prüfen will und die α_i die Haupteffekte des Faktors A einer zweifachen Klassifikation sind (im speziellen Fall z. B. Sorteneffekte) und $\hat{\alpha}_i = y_{i\cdot} - y_{\cdot\cdot}$ $(i = 1, 2, \ldots, a)$

ihre Schätzungen, so kann man leicht zeigen, daß

$$S\,Q_A = \sum_{i=1}^{a} \sum_{j=1}^{b} (y_{i\cdot} - y_{\cdot\cdot})^2 = b \sum_i \hat{\alpha}_i{}^2$$

bei Gültigkeit von H_A eine $\sigma^2\,\chi^2$-Verteilung mit $a - 1$ Freiheitsgraden besitzt. Entsprechendes gilt für andere lineare Hypothesen über die Haupteffekte. Diese Verteilungseigenschaft ist aber Grundvoraussetzung für die Anwendung des F-Testes. Bei Nichtorthogonalität besitzen die Quadratsummen in der Tabelle der Varianzanalyse die Eigenschaft der zentralen χ^2-Verteilung nicht mehr und somit ist die Anwendung des F-Testes nicht möglich.

1.11.1. Eine Zerlegungsformel für $S\,Q_{\text{Total}}$

Wenn $A, B, \ldots, K$ die Faktoren sind, nach denen ein Versuchsplan klassifiziert wurde und $\alpha_1, \alpha_2, \ldots, \alpha_a$; $\beta_1, \beta_2, \ldots, \beta_b$; $(\alpha\beta)_{11}, \ldots, (\alpha\beta)_{ab}$; ... ihre Haupteffekte bzw. Wechselwirkungseffekte erster und höherer Ordnung sind, so kann man auf Grund der Orthogonalitätsbeziehungen eine Zerlegung von $S\,Q_{\text{Total}}$ in folgender Form nachweisen:

$$S\,Q_{\text{Total}} = S\,Q_R + S\,Q_A + S\,Q_B + S\,Q_{AB} + \cdots + S\,Q_K\,.$$

Wir wollen hier nur kurz skizzieren, wie man zu dieser Zerlegungsformel kommt.[1])

$H_1, H_2, \ldots, H_l$ seien Hypothesen darüber, daß Gruppen von Haupt- bzw. Wechselwirkungseffekten verschwinden, z. B. bei der zweifachen Klassifikation mit Wechselwirkung:

$$\begin{aligned} H_1&:\ (\alpha\beta)_{ij} = 0 \quad (i = 1, 2, \ldots, a;\ j = 1, 2, \ldots, b)\,,\\ H_2&:\ \beta_j \qquad\ = 0 \quad (j = 1, 2, \ldots, b)\,,\\ H_3&:\ \alpha_i \qquad\ = 0 \quad (i = 1, 2, \ldots, a)\,. \end{aligned}$$

---

[1]) Einen ausführlichen Beweis findet der Leser bei SCHEFFÉ (1958).

Man schachtelt die Hypothesen in folgender Weise ineinander:

$$\begin{aligned}
&\Omega \\
&\omega_1 = \Omega \cap H_1 \\
&\omega_2 = \Omega \cap H_1 \cap H_2 \\
&\cdot \\
&\cdot \\
&\cdot \\
&\omega_l = \Omega \cap H_1 \cap H_2 \cdots \cap H_l\,.
\end{aligned}$$

Sämtliche zu schätzenden Effekte fassen wir wieder zu einem Vektor $\boldsymbol{\beta}$ zusammen.

Beim Schätzen der Parameter β_j unter der Bedingung ω_λ ($\lambda = 1, 2, \ldots, l$) erhält man ein Normalgleichungssystem für $\overset{(\lambda)}{\boldsymbol{\beta}}$, d. h. für die ML-Schätzungen unter ω_λ (siehe 1.6). Es seien $\widehat{\boldsymbol{\beta}}$ bzw. $\overset{(1)}{\boldsymbol{\beta}}$ bzw. ... bzw. $\overset{(l)}{\boldsymbol{\beta}}$ die ML-Schätzungen unter Ω bzw. ω_1 bzw. ... bzw. ω_l. Die zu diesen Schätzungen gehörenden Regressionswerte sind

$$\overset{(0)}{\mathbf{y}} = \mathbf{X}'\,\widehat{\boldsymbol{\beta}}\,, \quad \overset{(1)}{\mathbf{y}} = \mathbf{X}'\,\overset{(1)}{\boldsymbol{\beta}}, \ldots, \quad \overset{(l)}{\mathbf{y}} = \mathbf{X}'\,\overset{(l)}{\boldsymbol{\beta}}\,.$$

Daraus und aus den Normalgleichungssystemen für die ML-Schätzungen von $\widehat{\boldsymbol{\beta}}, \overset{(1)}{\boldsymbol{\beta}}, \ldots, \overset{(l)}{\boldsymbol{\beta}}$ erhält man folgende Beziehung

$$\mathbf{y}'\,\mathbf{y} - \overset{(l)}{\mathbf{y}}{}'\,\overset{(l)}{\mathbf{y}} = (\mathbf{y} - \overset{(0)}{\mathbf{y}})'\,(\mathbf{y} - \overset{(0)}{\mathbf{y}}) + \sum_{\lambda=0}^{l-1} (\overset{(\lambda)}{\mathbf{y}} - \overset{(\lambda+1)}{\mathbf{y}})'\,(\overset{(\lambda)}{\mathbf{y}} - \overset{(\lambda+1)}{\mathbf{y}}) \qquad (1.11.1)$$

bzw.

$$\sum_{i=1}^{n} y_i^2 - \sum_{i=1}^{n} \overset{(l)}{y_i^2} = \sum_{i=1}^{n} (y_i - \overset{(0)}{y_i})^2 + \sum_{\lambda=0}^{l-1} \left[\sum_{i=0}^{n} (\overset{(\lambda)}{y_i} - \overset{(\lambda+1)}{y_i})^2 \right] \qquad (1.11.2)$$

mit

$$\mathbf{y}'\,\mathbf{y} - \overset{(l)}{\mathbf{y}}{}'\,\overset{(l)}{\mathbf{y}} = S\,Q_{\text{Total}} = \sum_{i=1}^{n} y_i^2 - \sum_{i=1}^{n} y_{\cdot}^2 = \sum_{i=1}^{n} (y_i - y_{\cdot})^2$$

$$(\mathbf{y} - \overset{(0)}{\mathbf{y}})'\,(\mathbf{y} - \overset{(0)}{\mathbf{y}}) = S\,Q_{\text{Rest}} = \sum_{i=1}^{n} (y_i - \overset{(0)}{y_i})^2 .$$

Die anderen Quadratsummen erhält man nach Ausführung der Summation in (1.11.1) bzw. (1.11.2). Diese Formel wird bei den mehrfachen Klassifikationen im zweiten Teil des Buches benutzt.

2. Modell mit festen Effekten (Modell I)

Die mit der Varianzanalyse zu behandelnden Probleme werden nach EISENHART (1947) in zwei grundsätzlich verschiedene Typen eingeteilt. Geht man auf das allgemeine lineare Modell (1.2.2) zurück, dann bezieht sich die Einteilung auf den Charakter der Parameter β_j $(j = 1, 2, \ldots, p)$.

Man bezeichnet mit Modell I diejenigen Fälle, bei denen die Parameter β_j als konstante zu schätzende Größen anzusehen sind.

Die Fälle, bei denen die β_j $(j = 1, 2, \ldots, p)$ als zufällige Veränderliche anzusehen sind, werden als Modell II bezeichnet.[1]) Bei der statistischen Analyse von Versuchsergebnissen muß man vorher entscheiden welches Modell zugrundegelegt wird.

Die Antwort hängt aber zum Teil auch noch davon ab, auf welche Weise die Beobachtungswerte erhalten wurden.

---

[1]) Eine weitere Einteilung in sogenannte gemischte Modelle ist ebenfalls für die experimentelle Praxis von Interesse. In Modellen dieser Art sind einige der β_j als feste Effekte anzusehen und die anderen β_j als zufällige Veränderliche zu betrachten. Streng genommen gibt es nur gemischte Modelle, da bei Modell II mindestens ein β_j, nämlich das allgemeine Mittel μ, tets als fester zu schätzender Parameter betrachtet wird.

Wenn der Experimentator mehrere Behandlungen (im weitesten Sinne des Wortes zu verstehen als Sorten, Böden, Versuchstiere, Konzentrationen, Maschinen, Arzneien, Lehrmethoden, Katalysatoren) auswählt, deren Wirkungen untersucht werden sollen, und er daran interessiert ist, die Wirkungen bestimmter fester Behandlungen zu vergleichen, dann wird er diese Behandlungen nicht zufällig wählen. Die dadurch gewonnenen Stichproben sind also Stichproben aus ganz spezifischen Grundgesamtheiten, denen unser Interesse gilt. Man hat demnach ein Modell I vor sich.

Sind aber die gewählten Behandlungen als Zufallsstichprobe aus einer gedachten unendlichen Population anzusehen (z. B. eine Gruppe von Versuchstieren, die der Experimentator in den Versuch einbezieht, ist als Zufallsstichprobe aus einer Population gleichartiger Tiere anzusehen, oder eine gewisse Anzahl von Maschinen ist als Zufallsstichprobe aus einer Population gleichartiger Maschinen zu betrachten), so liegt kein spezifisches Interesse an den ausgewählten Stichproben vor, sondern die Frage lautet, welchen Anteil an der Gesamtvariabilität liefern die einzelnen Gruppen. Es liegt ein Modell II vor.

Beim Modell I stellen die Parameter Haupt- und Wechselwirkungseffekte dar, im Prinzip also Mittelwerte, und das Hauptinteresse der Varianzanalyse besteht in der Durchführung von Signifikanztests bezüglich dieser Effekte.[1])

In diesem Kapitel wollen wir uns nur mit dem Modell I beschäftigen. Je nach Anlage des Experiments und je nach Anzahl der wirkenden Faktoren kommt den Parametern β_j eine spezielle Bedeutung zu, die wir im folgenden genau angeben.

[1]) Mit Hilfe spezieller statistischer Verfahren z. B. der Verfahren von Scheffé und Tukey (siehe Scheffé (1958)) sollen darüber hinaus feste Differenzen (und im allgemeinen Fall beliebige Linearkombinationen) von Effekten (Mittelwerten) als statistisch signifikant nachgewiesen werden.

2.1. Einfache Klassifikation

Vorgegeben seien p Stichproben aus p Grundgesamtheiten ($p \geqq 2$). Wir fragen nach einem Vergleich der p Stichprobenmittel (siehe 1.8). Man kann den Sachverhalt auch so formulieren, daß ein Faktor A in p Stufen wirkt und wir die p Effekte vergleichen wollen. Wir haben also eine Einteilung des Faktors A in p Klassen. Als den wirkenden Faktor A kann man beispielsweise folgendes ansehen:

(1) Faktor A: Getreidesorten
p Stufen : p verschiedene Sorten, gemessen wurden die Erträge.

(2) Faktor A: Glühlampen
p Stufen : p verschiedene Typen, gemessen wurde die mittlere Brenndauer.

(3) Faktor A: Zigarettensorten
p Stufen : p verschiedene Zigarettensorten, gemessen wurde der Nikotingehalt.

(4) Faktor A: Proteinhaltiges Futter
p Stufen : p verschiedene Konzentrationen eines bestimmten Proteins, gemessen wurde die Gewichtszunahme nach einer Zeit t.

Es lassen sich noch viele Beispiele aus Naturwissenschaft und Technik anführen, wo in einem Experiment die Wirkung eines Faktors auf p verschiedenen Stufen geprüft werden soll. Die Wirkung dieses Faktors drückt sich in den p Mittelwerten aus, die es zu vergleichen gilt.

Die Meßergebnisse nach p Stichproben kann man sich in folgender Weise angeordnet denken (Tab. 1 s. S. 44).

Wir gehen von folgendem linearen Modell für die Beobachtungen aus:

$$y_{i\varrho} = \mu + \alpha_i + e_{i\varrho} \tag{2.1.1}$$

$$(i = 1, 2, \ldots, p;\ \varrho = 1, 2, \ldots, n_i),$$

2.1. *Tabelle 1*

Anordnung der Meßergebnisse bei der einfachen Klassifikation

	$i \setminus \varrho$	Anzahl der Beob. je Stichprobe $1 \quad 2 \ldots n_i$	Summe der Beob. je Stichprobe	Stichproben-mittel
Stichproben	1	$y_{11} \quad y_{12} \cdots y_{1n_1}$	$\sum_{\varrho=1}^{n_1} y_{1\varrho} = Y_{1\cdot}$	$\frac{Y_{1\cdot}}{n_1} = y_{1\cdot}$
	2	$y_{21} \quad y_{22} \cdots y_{2n_2}$	$\sum_{\varrho=1}^{n_2} y_{2\varrho} = Y_{2\cdot}$	$\frac{Y_{2\cdot}}{n_2} = y_{2\cdot}$
	.			
	.			
	.			
	p	$y_{p1} \quad y_{p2} \cdots y_{pn_p}$	$\sum_{\varrho=1}^{n_p} y_{p\varrho} = Y_{p\cdot}$	$\frac{Y_{p\cdot}}{n_p} = y_{p\cdot}$
$N = \sum_{i=1}^{p} n_i$		Gesamtzahl der Beobachtungen	$\sum_{i=1}^{p} \sum_{\varrho=1}^{n_i} y_{i\varrho} = \sum_{i=1}^{p} Y_{i\cdot} = Y_{\cdot\cdot}$	$\frac{Y_{\cdot\cdot}}{N} = y_{\cdot\cdot}$

μ — allgemeines Mittel, α_i — Effekt der i-ten Stufe des wirkenden Faktors A $(i = 1, 2, \ldots, p)$, $e_{i\varrho}$ — Beobachtungsfehler, unabhängig und normalverteilt mit dem Erwartungswert 0 und der Varianz σ^2 für alle i, ϱ.

Die Reparametrisierungsbedingung lautet (siehe Abs. 1.10)

$$\sum_{i=1}^{p} n_i \alpha_i = 0 . \tag{2.1.2}$$

Nach der Methode der kleinsten Quadrate erhält man die Schätzungen $\hat{\mu}$ und $\hat{\alpha}_i$ wie folgt:

Es ist

$$S = \sum_{i=1}^{p} \sum_{\varrho=1}^{n_i} e_{i\varrho}^2 = \sum_{i=1}^{p} \sum_{\varrho=1}^{n_i} (y_{i\varrho} - \mu - \alpha_i)^2$$

zu minimieren.

Aus

$$\frac{\partial S}{\partial \mu} = 0 \quad \text{und} \quad \frac{\partial S}{\partial \alpha_i} = 0$$

bekommt man die Normalgleichungen

$$N\mu + \sum_i n_i \alpha_i = \sum_{i,\varrho} y_{i\varrho}\,,$$

$$n_i\mu + n_i\alpha_i = \sum_\varrho y_{i\varrho}\,. \tag{2.1.3}$$

Unter Berücksichtigung der Reparametrisierungsbedingung (2.1.2) erhält man aus (2.1.3) die Lösungen

$$\hat{\mu} = \frac{Y_{..}}{N}\,, \qquad \hat{\alpha}_i = \frac{Y_{i.}}{n_i} - \frac{Y_{..}}{N}\,. \tag{2.1.4}$$

Zur Abkürzung setzen wir

$$\frac{Y_{..}}{N} = y_{..}\,, \qquad \frac{Y_{i.}}{n_i} = y_{i.} \tag{2.1.5}$$

und erhalten

$$\hat{\mu} = y_{..}\,, \qquad \hat{\alpha}_i = y_{i.} - y_{..}\,. \tag{2.1.6}$$

$\hat{\mu}$, $\hat{\alpha}_i$ sind die Lösungen der Normalgleichungen unter Ω (siehe Abs. 1.5). Der Regressionswert $\overset{(0)}{y}_{i\varrho}$ lautet

$$\overset{(0)}{y}_{i\varrho} = \hat{\mu} + \hat{\alpha}_i = y_{..} + y_{i.} - y_{..} = y_{i.}\,. \tag{2.1.7}$$

Ableitung der Schätzwerte bei Gültigkeit der Hypothese

$$H_A : \alpha_i = 0 (i = 1, 2, \ldots, p)\,.$$

Es ist $S^* = \sum_{i=1}^{p} \sum_{\varrho=1}^{n_i} (y_{i\varrho} - \mu)^2$. Aus $\frac{dS^*}{d\mu} = 0$ folgt

$$\overset{(1)}{\mu} = \frac{Y_{..}}{N} = y_{..}\,.$$

Der Regressionswert bei Gültigkeit der Hypothese H_A (d. h. unter $\omega = \Omega \cap H_A$) lautet dann

$$\overset{(1)}{y}_{i\varrho} = \overset{(1)}{\mu} = y_{..}\,. \tag{2.1.8}$$

Bei Anwendung der Zerlegungsformel (1.11.1) bzw. (1.11.2) erhalten wir die folgende Zerlegung von $S\,Q_{\text{Total}}$:

$$\sum_{i=1}^{p} \sum_{\varrho=1}^{n_i} (y_{i\varrho} - \overset{(1)}{y}_{i\varrho})^2$$

$$= \sum_{i=1}^{p} \sum_{\varrho=1}^{n_i} (y_{i\varrho} - \overset{(0)}{y}_{i\varrho})^2 + \sum_{i=1}^{p} \sum_{\varrho=1}^{n_i} (\overset{(0)}{y}_{i\varrho} - \overset{(1)}{y}_{i\varrho})^2\,.$$

Setzen wir nun (2.1.7) und (2.1.8) ein, so gilt

$$\begin{aligned}&\sum_{i=1}^{p}\sum_{\varrho=1}^{n_i}(y_{i\varrho}-y_{\cdot\cdot})^2\\&=\sum_{i=1}^{p}\sum_{\varrho=1}^{n_i}(y_{i\varrho}-y_{i\cdot})^2+\sum_{i=1}^{p}\sum_{\varrho=1}^{n_i}(y_{i\cdot}-y_{\cdot\cdot})^2\end{aligned}\tag{2.1.9}$$

bzw.

$$SQ_{\text{Total}}=SQ_{\text{Rest}}+SQ_A\,.$$

Man bezeichnet bei der einfachen Klassifikation auch

$$SQ_{\text{Rest}} \text{ als } SQ_{\text{innrehalb}} \text{ und } SQ_A \text{ als } SQ_{\text{zwischen}}\,.$$

Für die numerische Auswertung der SQ sind folgende Beziehungen vorteilhaft:

$$\left.\begin{aligned}SQ_{\text{Total}}&=\sum_i\sum_\varrho(y_{i\varrho}-y_{\cdot\cdot})^2=\sum_i\sum_\varrho y_{i\varrho}^2-\frac{Y_{\cdot\cdot}^2}{N},\\SQ_{\text{Rest}}&=\sum_i\sum_\varrho(y_{i\varrho}-y_{i\cdot})^2=\sum_i\sum_\varrho y_{i\varrho}^2-\sum_i\frac{Y_{i\cdot}^2}{n_i},\\SQ_A&=\sum_i\sum_\varrho(y_{i\cdot}-y_{\cdot\cdot})^2=\sum_i\frac{Y_{i\cdot}^2}{n_i}-\frac{Y_{\cdot\cdot}^2}{N}.\end{aligned}\right\}\tag{2.1.10}$$

Wir fassen die Ergebnisse zu der Tabelle der Varianzanalyse zusammen (Tab. 2 s. S. 47).

Dabei gilt $Y_{i\cdot}=\sum_{\varrho=1}^{n_i}y_{i\varrho}$; $\quad Y_{\cdot\cdot}=\sum_{i=1}^{p}Y_{i\cdot}=\sum_{i=1}^{p}\sum_{\varrho=1}^{n_i}y_{i\varrho}\,.$

$MQ_R=\dfrac{SQ_{\text{Rest}}}{N-p}$ ist eine erwartungstreue Schätzung der Versuchsfehlervarianz σ^2.

Zum Prüfen der Hypothese

$$H_A:\ \alpha_i=0\ \ (i=1,2,\ldots,p)$$

benutzt man die zufällige Veränderliche

$$\mathcal{F}=\frac{MQ_A}{MQ_R}=\frac{N-p}{p-1}\cdot\frac{SQ_A}{SQ_{\text{Rest}}}$$

die einer F-Verteilung mit $f_1=p-1$ und $f_2=N-p$ Freiheitsgraden folgt. Erhält man für ein gegebenes Problem einen Beobachtungswert F der zufälligen Ver-

2.1.

Tabelle 2

Varianzanalyse für die einfache Klassifikation

Quelle der Variation	SQ	FG	MQ	F
Zwischen den Stufen des Faktors A	$SQ_A = \sum_{i=1}^{p} \frac{Y_{i\cdot}^2}{n_i} - \frac{Y_{\cdot\cdot}^2}{N}$	$f_A = p - 1$	$SQ_A/f_A = MQ_A$	$\frac{MQ_A}{MQ_R}$
Innerhalb der Stufen des Faktors A	$SQ_{\text{Rest}} = \sum_i \sum_\varrho y_{i\varrho}^2 - \sum_i \frac{Y_{i\cdot}^2}{n_i}$	$f_R = N - p$	$SQ_R/f_R = MQ_R = \hat{\sigma}^2$	
	$SQ_{\text{Total}} = \sum_i \sum_\varrho y_{i\varrho}^2 - \frac{Y_{\cdot\cdot}^2}{N}$	$N - 1$		

änderlichen $\mathcal{F}$, so wird bei Vorgabe einer Wahrscheinlichkeit α für einen Fehler 1. Art (m. a. W. bei Vorgabe einer Irrtumswahrscheinlichkeit α) die Hypothese $H_A : \alpha_i = 0$ $(i = 1, 2, \ldots, p)$ angenommen, wenn

$$F \leqq F_\alpha(f_1, f_2) = F_\alpha(p-1, N-p)\,. \qquad (2.1.11)$$

Ist $F > F_\alpha(f_1, f_2)$, dann wird die Hypothese H_A abgelehnt. Werte von $F_\alpha(f_1, f_2)$ findet man für $\alpha = 0{,}05$; $0{,}01$; $0{,}025$; $0{,}005$ und für verschiedene f_1, f_2 z. B. bei E. Weber (1967), Tafel 6 und 7.

2.1.1. Beispiel

Vier Weizensorten wurden auf ihren Ertrag untersucht. Die Ergebnisse wurden unter möglichst homogenen Bedingungen gewonnen. Der einflußnehmende Faktor A wirkt in 4 Stufen, d. h. 4 Sorten.

$$\sum_{i=1}^{4} \sum_{\varrho=1}^{n_i} y_{i\varrho}^2 = 82^2 + 94^2 + \cdots + 90^2 = 188\,686{,}00\,, \qquad (1)$$

$$\sum_{i=1}^{4} \frac{Y_i^2}{n_i} = \frac{Y_1^2.}{7} + \cdots + \frac{Y_4^2.}{4} = 187\,876{,}64\,, \qquad (2)$$

$$\frac{Y_{..}^2}{N} = \qquad = 186\,208{,}00\,. \qquad (3)$$

Es ist $SQ_A = SQ_{\text{Sorten}} = (2) - (3)$; $SQ_{\text{Rest}} = (1) - (2)$. Als Tabelle der Varianzanalyse erhält man (Tab. 4 s. S. 50).

Nach (2.1.6) ist $y_{..} = \dfrac{Y_{..}}{N} = 92$ eine Schätzung des allgemeinen Mittels μ und $\hat{\alpha}_1 = y_{1\cdot} - y_{..} = 0{,}85$, $\hat{\alpha}_2 = y_{2\cdot} - y_{..} = -11{,}00$, $\hat{\alpha}_3 = y_{3\cdot} - y_{..} = 11{,}50$, $\hat{\alpha}_4 = y_{4\cdot} - y_{..} = -2{,}50$ sind die Schätzungen für die Sorteneffekte. $MQ_{\text{Rest}} = 44{,}96$ ist eine Schätzung s^2 der Versuchsfehlervarianz σ^2. Daraus erhält man $s \approx 6{,}71$. Die Hypothese $H_A : \alpha_i = 0$ $(i = 1, 2, 3, 4)$, d. h. Gleicheit aller Sorteneffekte, soll mit einer Irrtumswahrscheinlichkeit von $\alpha = 0{,}05$ geprüft werden:
Man erhält $F_{0,05}(3; 18) = 3{,}16$.

2.1.

Tabelle 3

Anordnung der Meßergebnisse

Sorten = Stufen des Faktors A

$i \backslash \varrho$	Erträge							$Y_{i\cdot}$	$Y_{i\cdot}^2$	$\frac{Y_{i\cdot}^2}{n_i}$
1	82	94	100	84	92	96	102	650	422500	60357,14
2	83	78	68	80	86			395	156025	31205,00
3	96	110	107	104	106	98		621	385641	64273,50
4	88	98	82	90				358	128164	32041,00
								$Y_{\cdot\cdot}$ 2024		187876,64

$$N = \sum_{i=1}^{4} n_i = 7 + 5 + 6 + 4 = 22$$

2.1.

Tabelle 4

Varianzanalyse

SQ	FG	MQ	F
$SQ_{\text{Sorten}} = 1668{,}64$	$p-1=3$	556,21	$F = \dfrac{556{,}21}{44{,}96} = 12{,}33$
$SQ_{\text{Rest}} = 809{,}36$	$N-p=18$	44,96	
$SQ_{\text{Total}} = 2478{,}00$	$N-1=21$		

Es ist $F > F_{0,05}$, wir nehmen die Hypothese H_A auf Grund der Beobachtungsdaten nicht an. Die Sorten sind offenbar von unterschiedlicher Qualität.

Eine weitergehende Analyse des Beobachtungsmaterials, z. B. das Prüfen von Hypothesen über Linearkombinationen von Sorteneffekten, die dann darüber Aufschluß geben, welche Sorte sich von welcher signifikant unterscheidet, findet der Leser u. a. bei E. WEBER (1967) (siehe auch SCHEFFÉ (1958), TUKEY (siehe SCHEFFÉ (1958)), BROWNLEE (1960), GUENTHER (1964) u. a.).

2.1.2. Die Vorteile gleicher Stichprobenumfänge

Wenn alle $n_i = n$ $(i = 1, 2, \ldots, p)$, dann stimmt die Tabelle der Varianzanalyse bis auf die Summationsgrenzen n_i bei den SQ mit der Tabelle der Varianzanalyse für den Fall ungleich großer Stichproben überein.

Wenn es sich im Experiment ohne große Schwierigkeit so einrichten läßt, daß man stets $n_i = n$ $(i = 1, 2, \ldots, p)$ wählen kann, so bringt das folgende Vorteile mit sich.

Sollte die Voraussetzung der gleichen Varianz σ^2 für alle $y_{i\varrho}$ verletzt sein, so ist diese Verletzung nicht so schwerwiegend, wenn alle Stichproben einen gleichen Umfang besitzen. Außerdem wird bei gleichem Stichprobenumfang der beim F-Test auftretende Fehler 2. Art minimal. Bei einer eventuellen Ablehnung der Nullhypothese, d. h. bei der Ablehnung der Hypothese „$H_A : \alpha_i = 0$ für alle i“ wird man weitere Tests anwenden, um herauszufinden, welches Mittel von welchem signifikant verschieden ist. Auch hierbei ist es vorteilhafter, wenn alle Stichprobenumfänge gleich sind, da manche Tests gar nicht anwendbar sind, wenn $n_i \neq n$ gilt.

2.2. *Zweifache Klassifikation (Kreuzklassifikation)*

Die Beobachtungen aus einem Experiment, in dem 2 Faktoren A und B gleichzeitig und in mehreren Stufen wirken, können zu einer Tafel mit 2 Eingängen angeordnet werden. Wir wollen zwischen den Modellen mit einer und mehreren Beobachtungen in jeder Unterklasse unterscheiden.

2.2.1. *Eine Beobachtung in jeder Unterklasse*

Es gibt insgesamt $N = a \cdot b$ Beobachtungen (Tab. 1 s. S. 52). Wir verwenden wieder folgende Abkürzungen:

$$Y_{i\cdot} = \sum_{j=1}^{b} y_{ij}, \qquad Y_{\cdot j} = \sum_{i=1}^{a} y_{ij},$$

$$Y_{\cdot\cdot} = \sum_{i=1}^{a} Y_{i\cdot} = \sum_{j=1}^{b} Y_{\cdot j} = \sum_{i=1}^{a} \sum_{j=1}^{b} y_{ij},$$

$$y_{i\cdot} = \frac{1}{b} \sum_{j=1}^{b} y_{ij}, \qquad y_{\cdot j} = \frac{1}{a} \sum_{i=1}^{a} y_{ij},$$

$$y_{\cdot\cdot} = \frac{1}{a\,b} \sum_{i=1}^{a} \sum_{j=1}^{b} y_{ij}.$$

Für die zufälligen Veränderlichen $\mathbf{y}_{ij}$ (als deren Realisierungen wir die Beobachtungen y_{ij} auffassen) setzen wir folgendes lineare Modell an:

$$\mathbf{y}_{ij} = \mu + \alpha_i + \beta_j + \mathbf{e}_{ij} \qquad (2.2.1)$$

$$(i = 1, 2, \ldots, a; \quad j = 1, 2, \ldots, b),$$

2.2.

Tabelle 1

Anordnung der Versuchsergebnisse einer zweifachen Klassifikation mit einer Beobachtung in jeder Unterklasse

		$i \backslash j$	Faktor B						Zeilen-summme	Zeilen-mittel	
			Stufen des Faktors B								
			1	2	...	j	...	b	$Y_{i\cdot}$	$y_{i\cdot}$	
Faktor A	Stufen des Faktors A	1	y_{11}	y_{12}	...	y_{1j}	...	y_{1b}	$Y_{1\cdot}$	$y_{1\cdot}$	
		2	y_{21}	y_{22}	...	y_{2j}	...	y_{2b}	$Y_{2\cdot}$	$y_{2\cdot}$	
		⋮									
		i	y_{i1}	y_{i2}	...	y_{ij}	...	y_{ib}	$Y_{i\cdot}$	$y_{i\cdot}$	
		⋮									
		a	y_{a1}	y_{a2}	...	y_{aj}	...	y_{ab}	$Y_{a\cdot}$	$y_{a\cdot}$	
Spalten-summe		$Y_{\cdot j}$	$Y_{\cdot 1}$	$Y_{\cdot 2}$	...	$Y_{\cdot j}$	...	$Y_{\cdot b}$	$Y_{\cdot\cdot}$		Gesamtsumme
Spalten-mittel		$y_{\cdot j}$	$y_{\cdot 1}$	$y_{\cdot 2}$	...	$y_{\cdot j}$	...	$y_{\cdot b}$		$y_{\cdot\cdot}$	Mittel aller Beobachtungen

μ – allgemeines Mittel, α_i – Effekt der i-ten Stufe des Faktors A $(i = 1, 2, \ldots, a)$, β_j – Effekt der j-ten Stufe des Faktors B $(j = 1, 2, \ldots, b)$, e_{ij} – Beobachtungsfehler, unabhängig und normalverteilt mit dem Erwartungswert 0 und der Varianz σ^2 für alle i, j.

Wir fügen die folgenden Reparametrisierungsbedingungen hinzu:

$$\sum_{i=1}^{a} \alpha_i = 0\,, \qquad \sum_{j=1}^{b} \beta_j = 0\,. \tag{2.2.2}$$

Die Schätzungen $\hat{\mu}$, $\hat{\alpha}_i$ und $\hat{\beta}_j$ erhält man nach der Methode der kleinsten Quadrate aus dem Gleichungssystem

$$\left.\begin{aligned} &\frac{\partial S}{\partial \mu} = 0\,, \\ &\frac{\partial S}{\partial \alpha_i} = 0 \qquad (i = 1, 2, \ldots, a)\,, \\ &\frac{\partial S}{\partial \beta_j} = 0 \qquad (j = 1, 2, \ldots, b) \end{aligned}\right\} \tag{2.2.3}$$

mit

$$S = \sum_{i=1}^{a} \sum_{j=1}^{b} e_{ij}^2 = \sum_{i=1}^{a} \sum_{j=1}^{b} (y_{ij} - \mu - \alpha_i - \beta_j)^2\,,$$

d. h.

$$S = S(\mu, \alpha_1, \ldots, \alpha_a, \beta_1, \ldots, \beta_b)\,.$$

Nach Ausführung der partiellen Differentiation (2.2.3) und unter Berücksichtigung der Reparametrisierungsbedingungen (2.2.2) erhält man für $\hat{\mu}$, $\hat{\alpha}_i$, $\hat{\beta}_j$ das folgende System der Normalgleichungen:

$$\begin{aligned} a\,b\,\hat{\mu} \qquad\qquad &= Y_{..}\,, \\ b\,\hat{\mu} + b\,\hat{\alpha}_i \qquad &= Y_{i.}\,, \quad i = 1, 2, \ldots, a\,, \\ a\,\hat{\mu} \qquad + a\,\hat{\beta}_j &= Y_{.j}\,, \quad j = 1, 2, \ldots, b\,. \end{aligned}$$

Die Schätzungen der Parameter μ, α_i und β_j lauten dann

$$\begin{aligned} \hat{\mu} &= y_{..}\,, \\ \hat{\alpha}_i &= y_{i.} - y_{..}\,, \qquad i = 1, 2, \ldots, a\,, \\ \hat{\beta}_j &= y_{.j} - y_{..}\,, \qquad j = 1, 2, \ldots, b\,. \end{aligned}$$

(Sie entsprechen den Schätzungen $\hat{\beta}_j$ $(j = 1, 2, \ldots, p = a + b + 1)$ unter den Voraussetzungen Ω (siehe Abs. 1.5).)

Als Regressionswert $\overset{(0)}{y}_{ij}$ (unter Ω) erhalten wir

$$\overset{(0)}{y}_{ij} = \hat{\mu} + \hat{\alpha}_i + \hat{\beta}_j = y_{i\cdot} + y_{\cdot j} - y_{\cdot\cdot}$$

und somit laut (1.5.11)

$$S_1 = \underset{\Omega}{\text{Min}}\, S = \sum_{i=1}^{a} \sum_{j=1}^{b} (y_{ij} - \overset{(0)}{y}_{ij})^2$$

$$= \sum_{i=1}^{a} \sum_{j=1}^{b} (y_{ij} - y_{i\cdot} - y_{\cdot j} + y_{\cdot\cdot})^2 = S\,Q_{\text{Rest}}\,. \quad (2.2.5)$$

Die Anzahl der Freiheitsgrade f_R von $S\,Q_{\text{Rest}}$ beträgt $a\,b - a - b + 1 = (a - 1)\,(b - 1)$. Somit erhält man als Schätzung $\hat{\sigma}^2$ der Versuchsfehlervarianz σ^2:

$$\hat{\sigma}^2 = \frac{1}{(a-1)\,(b-1)} \sum_{i=1}^{a} \sum_{j=1}^{b} (y_{ij} - y_{i\cdot} - y_{\cdot j} + y_{\cdot\cdot})^2\,. \quad (2.2.6)$$

Die Quadratsummen in der Tabelle der Varianzanalyse als Zerlegung von $S\,Q_{\text{Total}}$ kann man in folgender Weise herleiten:

Wir betrachten die Hypothesen

$$H_1\colon\ \alpha_i = 0\,, \qquad i = 1, 2, \ldots, a\,; \quad (2.2.7)$$

$$H_2\colon \begin{Bmatrix} \alpha_i = 0\,, & i = 1, 2, \ldots, a\,, \\ \beta_j = 0\,, & j = 1, 2, \ldots, b\,. \end{Bmatrix} \quad (2.2.8)$$

An Stelle von H_1 kann auch $H_1'\colon \beta_j = 0$ $(j = 1, 2, \ldots, b)$ gewählt werden. Hier kommt es nur darauf an, die Zerlegung von $S\,Q_{\text{Total}}$ abzuleiten. Für den Test der einzelnen Hypothesen bezüglich der Stufen des Faktors A bzw. des Faktors B setzen wir später $H_1 = H_A$ und $H_1' = H_B$.

Die Hypothesen H_1 und H_2 bedeuten über den Bedingungskomplex Ω hinaus zusätzliche Bedingungen an die vorhandenen Parameter. Wir wollen das wieder symbolisch durch $\omega_1 = \Omega \cap H_1$ und $\omega_2 = \Omega \cap H_1 \cap H_2$ zum Ausdruck bringen. Die nächste Aufgabe wäre dann, Schätzungen der Parameter μ, α_i, β_j unter ω_1

und ω_2 abzuleiten. Das geschieht wieder mit Hilfe der Methode der kleinsten Quadrate.

Unter der Bedingung

$$\omega_1 \text{ ist } S^* = \sum_i \sum_j (y_{ij} - \mu - \beta_j)^2$$

und unter

$$\omega_2 \text{ ist } S^{**} = \sum_i \sum_j (y_{ij} - \mu)^2$$

zu minimieren.

Aus den partiellen Ableitungen

$$\frac{\partial S^*}{\partial \mu} = 0\,, \quad \frac{\partial S^*}{\partial \beta_j} = 0 \text{ (für } j = 1, 2, \ldots, b) \quad \text{und} \quad \frac{\partial S^{**}}{\partial \mu} = 0$$

erhält man Normalgleichungssysteme, deren Lösungen die entsprechenden Schätzungen $\overset{(1)}{\mu}$, $\overset{(1)}{\beta_j}$ bzw. $\overset{(2)}{\mu}$ sind.

Es sind

$$\overset{(1)}{y_{ij}} = \overset{(1)}{\mu} + \overset{(1)}{\beta_j} = \overset{(1)}{y_{\cdot j}} \tag{2.2.9}$$

und

$$\overset{(2)}{y_{ij}} = \overset{(2)}{\mu} = \overset{(2)}{y_{\cdot\cdot}} \tag{2.2.10}$$

die Regressionswerte unter ω_1 bzw. ω_2.

Wir wenden jetzt die Formel (1.11.1) bzw. (1.11.2) für die Zerlegung von SQ_{Total} an und erhalten damit die SQ in der Tafel der Varianzanalyse.

Es gilt

$$\sum_{i=1}^{a} \sum_{j=1}^{b} y_{ij}^2 - a\,b\,y_{\cdot\cdot} = \sum_{i=1}^{a} \sum_{j=1}^{b} (y_{ij} - \overset{(0)}{y_{ij}})^2 + \sum_{i=1}^{a} \sum_{j=1}^{b} (\overset{(0)}{y_{ij}} - \overset{(1)}{y_{ij}})^2 + \sum_{i=1}^{a} \sum_{j=1}^{b} (\overset{(1)}{y_{ij}} - \overset{(2)}{y_{ij}})^2$$

und nach Einsetzen der Regressionswerte erhält man

$$\sum_{i=1}^{a} \sum_{j=1}^{b} y_{ij}^2 - a\,b\,y_{\cdot\cdot} = \sum_{i=1}^{a} \sum_{j=1}^{b} (y_{ij} - y_{i\cdot} - y_{\cdot j} + y_{\cdot\cdot})^2 + \sum_{i=1}^{a} \sum_{j=1}^{b} (y_{i\cdot} - y_{\cdot\cdot})^2 + \sum_{i=1}^{a} \sum_{j=1}^{b} (y_{\cdot j} - y_{\cdot\cdot})^2\,,$$

d. h.

$$S\,Q_{\text{Total}} = S\,Q_{\text{Rest}} + S\,Q_A + S\,Q_B\,.$$

Berücksichtigt man wieder folgende leicht zu prüfende Identitäten:

$$\sum_{i=1}^{a}\sum_{j=1}^{b}(y_{ij}-y_{i\cdot}-y_{\cdot j}+y_{\cdot\cdot})^2=\sum_{i=1}^{a}\sum_{j=1}^{b}y_{ij}^2-\sum_{i=1}^{a}\frac{Y_{i\cdot}^2}{b}-\sum_{j=1}^{b}\frac{Y_{\cdot j}^2}{a}+\frac{Y_{\cdot\cdot}^2}{N},$$

$$\sum_{i=1}^{a}\sum_{j=1}^{b}(y_{i\cdot}-y_{\cdot\cdot})^2=b\sum_{i=1}^{a}(y_{i\cdot}-y_{\cdot\cdot})^2=\sum_{i=1}^{a}\frac{Y_{i\cdot}^2}{b}-\frac{Y_{\cdot\cdot}^2}{N},$$

$$\sum_{i}\sum_{j}(y_{\cdot j}-y_{\cdot\cdot})^2=a\sum_{j=1}^{b}(y_{\cdot j}-y_{\cdot\cdot})^2=\sum_{j=1}^{b}\frac{Y_{\cdot j}^2}{a}-\frac{Y_{\cdot\cdot}^2}{N},$$

so kann man die Zerlegung von $S\,Q_{\text{Total}}$ bei der zweifachen Klassifikation zu folgender Tabelle der Varianzanalyse zusammenfassen (Tab. 2 s. S. 57).

$$Y_{i\cdot}=\sum_{j=1}^{b}y_{ij}\,,\quad Y_{\cdot j}=\sum_{i=1}^{a}y_{ij}\,,\quad Y_{\cdot\cdot}=\sum_{i=1}^{a}Y_{i\cdot}=\sum_{j=1}^{b}Y_{\cdot j}=\sum_{i=1}^{a}\sum_{j=1}^{b}y_{ij}\,.$$

$MQ_R=\hat{\sigma}^2$ ist eine Schätzung der Versuchsfehlervarianz σ^2.

Die Testcharakteristik zum Prüfen der Hypothese H_A: $\alpha_i=0$ für $i=1,2,\ldots,a$

Durch die Hypothese H_A wird den Parametern eine weitere Beschränkung auferlegt. Wir drücken das symbolisch durch $\omega=\Omega\cap H_A$ aus. Diese Beschränkungen lassen sich durch ein Gleichungssystem von $a-1$ linear unabhängigen Gleichungen zwischen den α_i ausdrücken. Betrachtet man wie in 1.6 die α_i als ein Teil der p Parameter $(\beta_1,\ldots,\beta_p)=(\alpha_1,\alpha_2,\ldots,\alpha_a,\beta_1,\ldots,\beta_b,\mu)$ mit $p=a+b+1$, dann sind die Parameter $\beta'=(\alpha_1,\alpha_2,\ldots,\alpha_a,\beta_1,\ldots,\beta_b,\mu)$ unter der Bedingung $\mathbf{K}\,\boldsymbol{\beta}=0$ zu schätzen. Es ist Rang $(\mathbf{K})=r=a-1$. Damit ist die Hypothese H_A als Spezialfall der allgemeinen linearen Hypothese zu betrachten, für deren

2.2.

Tabelle 2

Varianzanalyse für die zweifache Klassifikation mit einer Beobachtung in jeder Unterklasse

Quelle der Variation	SQ	FG	MQ	F
Faktor A	$SQ_A = \sum_{i=1}^{a} \frac{Y_{i\cdot}^2}{b} - \frac{Y_{\cdot\cdot}^2}{N}$	$f_A = a - 1$	$MQ_A = \frac{SQ_A}{f_A}$	$\frac{MQ_A}{MQ_R}$
Faktor B	$SQ_B = \sum_{j=1}^{b} \frac{Y_{\cdot j}^2}{a} - \frac{Y_{\cdot\cdot}^2}{N}$	$f_B = b - 1$	$MQ_B = \frac{SQ_B}{f_B}$	$\frac{MQ_B}{MQ_R}$
Versuchsfehler	$SQ_{\text{Rest}} = \sum_{i=1}^{a} \sum_{j=1}^{b} y_{ij}^2 - \sum_{i=1}^{a} \frac{Y_{i\cdot}^2}{b} - \sum_{j=1}^{b} \frac{Y_{\cdot j}^2}{a} + \frac{Y_{\cdot\cdot}^2}{N}$	$f_R = (a-1)(b-1)$	$MQ_R = \frac{SQ_R}{f_R} = \hat{\sigma}^2$	
	$SQ_{\text{Total}} = \sum_{i=1}^{a} \sum_{j=1}^{b} y_{ij}^2 - \frac{Y_{\cdot\cdot}^2}{N}$	$N - 1$		

Prüfung die Testcharakteristik mit (1.7.2) gegeben ist. In unserem Spezialfall erhält man sie in folgender Weise.

Bei Gültigkeit von H_A lautet das Modell

$$y_{ij} = \mu + \beta_j + e_{ij} .$$

Es seien μ^* und β_j^* die Schätzungen unter ω. Man erhält sie nach der Methode der kleinsten Quadrate aus

$$S = \sum_i \sum_j (y_{ij} - \mu - \beta_j)^2$$

durch Nullsetzen der partiellen Ableitungen nach μ und β_j:

$$-\frac{1}{2}\frac{\partial S}{\partial \mu} = \sum_i \sum_j (y_{ij} - \mu - \beta_j) = 0 ,$$

$$-\frac{1}{2}\frac{\partial S}{\partial \beta_j} = \sum_i (y_{ij} - \mu - \beta_j) = 0 \qquad (j = 1, 2, \ldots, b) .$$

Daraus folgt

$$\mu^* = y_{\cdot\cdot} ,$$
$$\beta_j^* = y_{\cdot j} - y_{\cdot\cdot} .$$

Die Schätzungen μ^* und β_j^* unter ω unterscheiden sich nicht von den Schätzungen $\hat{\mu}$ und $\hat{\beta}_j$ unter Ω (siehe (2.2.4)). Diese Übereinstimmung in den Schätzwerten hängt mit der sogenannten orthogonalen Struktur (siehe 1.11) des Versuchsplanes zusammen. Bei ungleicher Besetzung der einzelnen Experimentaleinheiten geht diese Übereinstimmung verloren.

Als Regressionswert unter ω erhält man

$$\overset{(1)}{y}_{ij} = \mu^* + \beta_j^* = y_{\cdot\cdot} + y_{\cdot j} - y_{\cdot\cdot} = y_{\cdot j}$$

und folglich

$$S_2 = \underset{\omega}{\mathrm{Min}}\, S = \underset{\text{Rest}}{S\,Q(\omega)} = \sum_i \sum_j (y_{ij} - \overset{(1)}{y}_{ij})^2$$
$$= \sum_i \sum_j (y_{ij} - y_{\cdot j})^2 .$$

Nach (2.2.5) war

$$S_1 = \underset{\Omega}{\mathrm{Min}}\, S = \underset{\text{Rest}}{S\,Q(\Omega)} = \sum_i \sum_j (y_{ij} - \overset{(0)}{y}_{ij})^2$$
$$= \sum_i \sum_j (y_{ij} - y_{i\cdot} - y_{\cdot j} + y_{\cdot\cdot})^2 .$$

Die Differenz ergibt

$$S_2 - S_1 = S\,Q(\omega)_{\text{Rest}} - S\,Q(\Omega)_{\text{Rest}} = \sum_i \sum_j (y_{i\cdot} - y_{\cdot\cdot})^2 = S\,Q_A$$

und somit

$$\mathcal{F} = \frac{n-p}{r}\,\frac{S_2 - S_1}{S_1} = \frac{(a-1)(b-1)}{a-1}\,\frac{S\,Q_A}{S\,Q_{\text{Rest}}}\ ^{1)}$$

In unserem Falle ist $N = a \cdot b$ und bei der Ableitung der Testcharakteristik (1.7.2) ist p der Rang der Matrix $\mathbf{X}$. Bei der zweifachen Klassifikation ist der Rang$(\mathbf{X}) < p$ und zwar $a + b - 1$ (siehe (1.10.1)) und folglich $N - p = a\,b - a - b + 1 = (a-1)(b-1)$. Die Anzahl der Freiheitsgrade von $S\,Q_A$ beträgt $a - 1$. Es ist der Rang der Matrix $\mathbf{K}$ für die Bedingungsgleichungen, die der Hypothese H_A entsprechen, d. h. Rang $(\mathbf{K}) = r = a - 1$.

Setzt man

$$M\,Q_A = \frac{S\,Q_A}{a-1}$$

und

$$M\,Q_R = \frac{S\,Q_{\text{Rest}}}{(a-1)(b-1)},$$

so kann man zusammenfassend feststellen:

Zum Prüfen der Hypothese

$$H_A:\ \alpha_i = 0 \qquad (i = 1, 2, \ldots, a)$$

benutzt man also die zufällige Veränderliche

$$\mathcal{F} = \frac{M\,Q_A}{M\,Q_R} = \frac{(a-1)(b-1)}{a-1} \cdot \frac{S\,Q_A}{S\,Q_R} = (b-1)\frac{S\,Q_A}{S\,Q_R} \tag{2.2.11}$$

Sie besitzt eine F-Verteilung mit $f_1 = a - 1$ und $f_2 = (a-1) \cdot (b-1)$ Freiheitsgraden, kürzer: $\mathcal{F}$ ist $F\,(a-1,\ (a-1)(b-1))$-verteilt. Erhält man für ein gegebenes Problem einen Beobachtungswert F der zufälligen Veränderlichen $\mathcal{F}$, so wird bei Vorgabe

---

[1]) Unter SQ_{Rest} ist stets $SQ(\Omega)_{\text{Rest}}$ zu verstehen.

einer Irrtumswahrscheinlichkeit α die Hypothese H_A: $\alpha_i = 0 \quad (i = 1, 2, \ldots, a)$ angenommen, wenn

$$F < F_\alpha(f_1, f_2) = F_\alpha\big((a-1), (a-1)(b-1)\big) \qquad (2.2.12)$$

($F_\alpha(f_1, f_2)$-Werte siehe Tafel 6 und 7 bei E. WEBER).

Ist $F > F_\alpha(f_1, f_2)$, so nimmt man die Alternativhypothese $\bar{H}_A$ an: „Mindestens ein α_i ist von 0 verschieden".

In analoger Weise erhält man die Testcharakteristik zum Prüfen der Hypothese

$$H_B : \beta_j = 0 \quad (j = 1, 2, \ldots, b)\,.$$

Es ist die zufällige Veränderliche

$$\mathcal{F} = \frac{M\,Q_B}{M\,Q_R} = (a-1)\cdot\frac{S\,Q_B}{S\,Q_R} \qquad (2.2.13)$$

Sie ist $F(f_1, f_2) = F\big((b-1), (a-1)(b-1)\big)$- verteilt. Bei vorgegebener Irrtumswahrscheinlichkeit α wird die Hypothese $H_B : \beta_j = 0$ $(j = 1, 2, \ldots, b)$ angenommen, wenn

$$F < F_\alpha(f_1, f_2) = F_\alpha\big((b-1), (a-1)(b-1)\big)\,. \qquad (2.2.14)$$

Ist $F > F_\alpha(f_1, f_2)$, so nimmt man die Alternativhypothese $\bar{H}_B$ an: „Mindestens ein β_j ist von 0 verschieden".

2.2.2. Beispiel[1])

Der Ernteertrag y_{ij} von 4 Weizensorten $(j = 1, 2, 3, 4)$ wurde in einem Versuch, der in 5 Blöcken $(i = 1, 2, 3, 4, 5)$ wiederholt wurde, festgestellt. Mit Hilfe des Experiments sollte nachgeprüft werden, ob die Ernteerträge der vier Sorten signifikant verschieden sind.

Von der Aufgabenstellung her sind die Ernteerträge y_{ij} als Meßgrößen zu betrachten, auf die die beiden Faktoren A (Blöcke) und B (Sorten) gleichzeitig einwirken. Die statistische Analyse dieses Experiments erfolgt nach dem Muster einer zweifachen Klassifikation (Kreuzklassifikation). Die Durchführung

---

[1]) Das Beispiel ist dem Buch von SNEDECOR, G. W., Statistical methods applied to experiments in agriculture and biology (1948), entnommen.

des Experiments aber erfolgt nach der Methode der zufälligen Blöcke. Darunter versteht man eine spezielle Versuchstechnik, die gewährleisten soll, daß außer den wirkenden Stufen der beiden Faktoren A und B möglichst keine weiteren systematischen Einflüsse auf das Versuchsergebnis einwirken. Aus diesem Grunde werden im Feldversuchswesen die Behandlungen (Sorten) innerhalb eines Blockes nach dem Zufall angeordnet und müssen innerhalb eines Blockes genau einmal vorkommen. Man kann damit die durch die Länge der Blöcke notwendig auftretenden Inhomogenitäten (in der Bodenbeschaffenheit) so gut wie möglich eliminieren. Man sichert sich somit gegen den Fall, daß ein und dieselbe Sorte stets an ein und derselben Stelle innerhalb des Blockes angebaut wird. Die Methode der zufälligen Blöcke hat als Versuchstechnik nicht nur im Feldversuchswesen eine Bedeutung und Berechtigung, sondern wird immer dort angewandt, wo die einzelnen Behandlungen auf gewisse Experimentaleinheiten wirken. Diese Experimentaleinheiten sollten dann zufällig angeordnet werden. Man spricht in solchen Fällen von randomisierten Experimenten. Näheres über Randomisierung siehe bei SCHEFFÉ (1958) und KEMPTHORNE (1952).

Nach Tab. 1, Abs. 2.2, erhält man die Meßergebnisse y_{ij} in folgender Anordnung:

2.2. *Tabelle 3*

Meßergebnisse bei einer zweifachen Klassifikation

	j / i	Sorten 1	2	3	4	$Y_{i\cdot}$	$y_{i\cdot}$
Blöcke	1	32,3	33,3	30,8	29,3	125,7	31,425
	2	34,0	33,0	34,3	26,0	127,3	31,825
	3	34,3	36,3	35,3	29,8	135,7	33,925
	4	35,0	36,8	32,3	28,0	132,1	33,025
	5	36,5	34,5	35,8	28,8	135,6	33,900
	$Y_{\cdot j}$	172,1	173,9	168,5	141,9	$Y_{\cdot\cdot} =$ 656,4	
	$y_{\cdot j}$	34,42	34,78	33,70	28,38	$y_{\cdot\cdot} =$ 32,82	

Die in der Modellgleichung

$$y_{ij} = \mu + \alpha_i + \beta_j + e_{ij}$$
$$i = 1, 2, 3, 4, 5 \ (a = 5)\ , \quad j = 1, 2, 3, 4 \ (b = 4)$$

vorkommenden Effekte werden nach (2.2.4) wie folgt geschätzt: Das allgemeine Mittel

$$\hat{\mu} = y_{..} = 32{,}82 ,$$

die Blockeffekte $\hat{\alpha}_i = y_{i.} - y_{..}$ für $i = 1, 2, 3, 4, 5$:

$$\hat{\alpha}_1 = -1{,}395 , \quad \hat{\alpha}_2 = -0{,}995 , \quad \hat{\alpha}_3 = 1{,}105 ,$$
$$\hat{\alpha}_4 = 0{,}205 , \quad \hat{\alpha}_5 = 1{,}080 ,$$

die Sorteneffekte $\hat{\beta}_j = y_{.j} - y_{..}$ für $j = 1, 2, 3, 4$:

$$\hat{\beta}_1 = 1{,}60 , \quad \hat{\beta}_2 = 1{,}96 , \quad \hat{\beta}_3 = 0{,}88 , \quad \hat{\beta}_4 = -4{,}44 .$$

Nach Tab. 2, Abs. 2.2, sind folgende Quadratsummen zu berechnen:

$$SQ_A = \sum_{i=1}^{5} \frac{Y_{i.}^2}{4} - \frac{Y_{..}^2}{20} = \frac{1}{4} \; (125{,}7^2 + \cdots + 135{,}6^2)$$
$$- \frac{656{,}4^2}{20} = 21564{,}510 - 21543{,}048 = 21{,}462,$$

$$SQ_B = \sum_{j=1}^{4} \frac{Y_{.j}^2}{5} - \frac{Y_{..}^2}{20} = \frac{1}{5} \; (172{,}1^2 + \cdots + 141{,}9^2)$$
$$- \frac{656{,}4^2}{20} = 21677{,}496 - 21543{,}048 = 134{,}448 .$$

Es ist

$$\sum_{i=1}^{5} \sum_{j=1}^{4} y_{ij}^2 = 32{,}3^2 + 33{,}3^2 + \cdots + 35{,}8^2 + 28{,}8^2$$
$$= 21725{,}22$$

und somit

$$SQ_{\text{Total}} = \sum_{i=1}^{5} \sum_{j=1}^{4} y_{ij}^2 - \frac{Y_{..}^2}{20} = 21725{,}22 - 21543{,}048$$
$$= 182{,}172 .$$

Wegen $SQ_A + SQ_B + SQ_R = SQ_{\text{Total}}$ erhält man schließlich aus den hier berechneten SQ's

$$SQ_R = SQ_{\text{Total}} - SQ_A - SQ_B = 26{,}262$$

Die Tabelle der Varianzanalyse lautet dann:

2.2.

Tabelle 4

Varianzanalyse bei der zweifachen Klassifikation

Quelle der Variation (1)	SQ (2)	FG (3)	MQ (4)	F (5)
Faktor A (Blöcke)	$SQ_A = 21{,}462$	$a - 1 = 4$	$MQ_A = 5{,}366$	$\frac{MQ_A}{MQ_R} = 2{,}43$
Faktor B (Sorten)	$SQ_B = 134{,}448$	$b - 1 = 3$	$MQ_B = 44{,}816$	$\frac{MQ_B}{MQ_R} = 20{,}48$
Versuchsfehler	$SQ_{\text{Rest}} = 26{,}262$	$(a - 1)(b - 1) = 12$	$MQ_R = 2{,}1885$	
	$SQ_{\text{Total}} = 182{,}172$	$N - 1 = 19$		

$M\,Q_R$ ist eine Schätzung für die Versuchsfehlervarianz σ^2, d. h., $\hat{\sigma}^2 = s^2 = M\,Q_R = 2{,}1885$ und als Streuung erhält man $s = 1{,}479$.

Die Hypothese $H_A: \alpha_i = 0$ $(i = 1, 2, 3, 4, 5)$, d. h. die Gleichheit aller Blockeffekte, soll mit einer Irrtumswahrscheinlichkeit von $\alpha = 0{,}05$ geprüft werden. Zum Prüfen dieser Hypothese benutzt man nach (2.2.11) die zufällige Veränderliche

$$\mathcal{F} = \frac{M\,Q_A}{M\,Q_R},$$

die eine F-Verteilung mit $f_1 = a - 1$ und $f_2 = (a - 1) \times (b - 1)$ Freiheitsgraden besitzt, d. h., wir suchen (in Tafel 6 und 7 bei E. WEBER) den Wert $F_\alpha(f_1, f_2) = F_{0,05}(4{,}12) = 3{,}26$. In Tab. 2, Abs. 2.2, haben wir in Spalte (5) einen Beobachtungswert F der zufälligen Veränderlichen $\mathcal{F}$ errechnet.

Es ist $F = 2{,}43$ und folglich

$$F \leqq F_\alpha(f_1, f_2),$$

d. h., wir nehmen die Hypothese $H_A: \alpha_i = 0$ $(i = 1, 2, 3, 4, 5)$ über die Gleichheit aller Blockeffekte an, m. a. W., Unterschiede auf Grund der verschiedenen Blöcke sind nicht statistisch zu sichern. Die Hypothese $H_B: \beta_j = 0$ $(j = 1, 2, 3, 4)$, d. h. die Gleichheit aller Sorteneffekte, soll ebenfalls mit einer Irrtumswahrscheinlichkeit von $\alpha = 0{,}05$ geprüft werden. Die zufällige Veränderliche

$$\mathcal{F} = \frac{M\,Q_B}{M\,Q_R}$$

mit $f_1 = b - 1$ und $f_2 = (a - 1)(b - 1)$ Freiheitsgraden ist wieder F-verteilt. Aus einer Tafel entnehmen wir

$$F_\alpha(f_1, f_2) = F_{0,05}\,(3{,}12) = 3{,}49\,.$$

In Tab. 2, Abs. 2.2, steht als Beobachtungswert der zufälligen Veränderlichen

$$\mathcal{F} = \frac{M\,Q_B}{M\,Q_R}$$

der Wert $F = 20{,}48$. Daraus folgt $F > F_\alpha(f_1, f_2)$, so daß wir die Hypothese $H_B : \beta_j = 0$ $(j = 1, 2, 3, 4)$ nicht annehmen, d. h. mindestens einmal muß $\beta_j \neq 0$ gelten, d. h., Unterschiede auf Grund der Sorten sind statistisch gesichert.

Man kann also annehmen, daß die Sorten von unterschiedlicher Qualität sind.

(Für eine weitere Analyse des Experiments, z. B. für die Untersuchung der einzelnen Sorteneffekte, um signifikante Unterschiede festzustellen, muß man sich der von Scheffé und Tukey vorgeschlagenen Verfahren bedienen (siehe Scheffé (1958)). Eine ausführliche Betrachtung dieser Verfahren findet der Leser u. a. bei E. Weber (1967).)

2.2.3. n Beobachtungen in jeder Unterklasse $(n > 1)$

Der Faktor A wirke wieder in a Stufen, Faktor B in b Stufen. In jeder Unterklasse (i, j) mögen nun aber n Beobachtungswerte $y_{ij1}, y_{ij2}, \ldots, y_{ijn}$ stehen. Wir haben dann insgesamt $N = a \cdot b \cdot n$ Beobachtungen. Die Beobachtungswerte kann man sich wie folgt angeordnet denken (s. S. 66).

Wir verwenden wieder folgende Abkürzungen für die Summen:

$$Y_{ij\cdot} = \sum_{\nu=1}^{n} y_{ij\nu}, \quad Y_{i\cdot\cdot} = \sum_{j=1}^{b} Y_{ij\cdot} = \sum_{j=1}^{b} \sum_{\nu=1}^{n} y_{ij\nu},$$

$$Y_{\cdot j\cdot} = \sum_{i=1}^{a} Y_{ij\cdot} = \sum_{i=1}^{a} \sum_{\nu=1}^{n} y_{ij\nu},$$

$$Y_{\cdots} = \sum_{i=1}^{a} Y_{i\cdot\cdot} = \sum_{j=1}^{b} Y_{\cdot j\cdot} = \sum_{i=1}^{a} \sum_{j=1}^{b} \sum_{\nu=1}^{n} y_{ij\nu}.$$

Die Abkürzungen für die Mittel lauten

$$y_{ij\cdot} = \frac{1}{n} \sum_{\nu=1}^{n} y_{ij\nu}, \quad y_{i\cdot\cdot} = \frac{1}{bn} \sum_{j=1}^{b} \sum_{\nu=1}^{n} y_{ij\nu},$$

$$y_{\cdot j\cdot} = \frac{1}{an} \sum_{i=1}^{a} \sum_{\nu=1}^{n} y_{ij\nu}, \quad y_{\cdots} = \frac{1}{abn} \sum_{i=1}^{a} \sum_{j=1}^{b} \sum_{\nu=1}^{n} y_{ij\nu}.$$

Tabelle 5

Anordnung der Versuchsergebnisse einer zweifachen Klassifikation mit n Beobachtungen in jeder Unterklasse $(n > 1)$

Faktor A Stufen des Faktors A	i \ j	Faktor B Stufen des Faktors B: 1	2		j		b	Summe $Y_{i\cdot\cdot}$	arithm. Mittel $y_{i\cdot\cdot}$
	1	y_{111}	y_{121}		y_{1j1}		y_{1b1}		
		y_{112}	y_{122}		y_{1j2}		y_{1b1}		
		$\vdots$	$\vdots$	$\cdots$	$\vdots$	$\cdots$	$\vdots$		
		y_{11n}	y_{12n}		y_{1jn}		y_{1ln}		
		$Y_{11\cdot}$	$Y_{12\cdot}$		$Y_{1j\cdot}$		$Y_{1l\cdot}$	$Y_{1\cdot\cdot}$	$y_{1\cdot\cdot}$
	2	y_{211}	y_{221}		y_{2j1}		y_{2b1}		
		y_{212}	y_{222}		y_{2j2}		y_{2b2}		
		$\vdots$	$\vdots$	$\cdots$	$\vdots$	$\cdots$	$\vdots$		
		y_{21n}	y_{22n}		y_{2jn}		y_{2bn}		
		$Y_{21\cdot}$	$Y_{22\cdot}$		$Y_{2j\cdot}$		$Y_{2b\cdot}$	$Y_{2\cdot\cdot}$	$y_{2\cdot\cdot}$
		$\vdots$	$\vdots$		$\vdots$		$\vdots$		
	i	y_{i11}	y_{i21}		y_{ij1}		y_{ib1}		
		y_{i12}	y_{i22}		y_{ij2}		y_{ib2}		
		$\vdots$	$\vdots$	$\cdots$	$\vdots$	$\cdots$	$\vdots$		
		y_{i1n}	y_{i2n}		y_{ijn}		y_{ibn}		
		$Y_{i1\cdot}$	$Y_{i2\cdot}$		$Y_{ij\cdot}$		$Y_{ib\cdot}$	$Y_{i\cdot\cdot}$	$y_{i\cdot\cdot}$
		$\vdots$	$\vdots$		$\vdots$		$\vdots$		
	a	y_{a11}	y_{a21}		y_{aj1}		y_{ab1}		
		y_{a12}	y_{a22}		y_{uj2}		y_{ab2}		
		$\vdots$	$\vdots$	$\cdots$	$\vdots$	$\cdots$	$\vdots$		
		y_{a1n}	y_{a2n}		y_{ajn}		y_{abn}		
		$Y_{a1\cdot}$	$Y_{a2\cdot}$		$Y_{aj\cdot}$		$Y_{ab\cdot}$	$Y_{a\cdot\cdot}$	$y_{a\cdot\cdot}$
Summe $Y_{\cdot j\cdot}$		$Y_{\cdot 1\cdot}$	$Y_{\cdot 2\cdot}$		$Y_{\cdot j\cdot}$		$Y_{\cdot b\cdot}$	$Y_{\cdot\cdot\cdot}$	
arith. M. $y_{\cdot j\cdot}$		$y_{\cdot 1\cdot}$	$y_{\cdot 2\cdot}$		$y_{\cdot j\cdot}$		$y_{\cdot b\cdot}$		$y_{\cdot\cdot\cdot}$

Für die n Beobachtungen der (i, j)-ten Unterklasse wird jetzt ein Wechselwirkungseffekt $(\alpha\beta)_{ij}$ angenommen, so daß wir als Modellgleichung für $y_{ij\nu}$ schreiben können

$$y_{ij\nu} = \mu + \alpha_i + \beta_j + (\alpha\beta)_{ij} + e_{ij\nu}$$
$$(i = 1, 2, \ldots, a, \; j = 1, 2, \ldots, b, \; \nu = 1, 2, \ldots, n),$$

μ — allgemeines Mittel, α_i — Effekt der i-ten Stufe des Faktors A $(i = 1, 2, \ldots, a)$, β_j — Effekt der j-ten Stufe des Faktors B $(j = 1, 2, \ldots, b)$, $(\alpha\beta)_{ij}$ — Wechselwirkungseffekt zwischen der i-ten Stufe des Faktors A und der j-ten Stufe des Faktors B $(i = 1, 2, \ldots, a)$ $(j = 1, 2, \ldots, b)$, $e_{ij\nu}$ — Beobachtungsfehler, unabhängig und normalverteilt mit dem Erwartungswert 0 und der Varianz σ^2 für alle i, j und ν.

Als Reparametrisierungsbedingungen wählen wir

$$\sum_{i=1}^{a} \alpha_i = 0\,, \quad \sum_{j=1}^{b} \beta_j = 0\,, \quad \sum_{j=1}^{b} (\alpha\beta)_{ij} = 0 \quad \text{für alle } i,$$
$$\sum_{i=1}^{a} (\alpha\beta)_{ij} = 0 \quad \text{für alle } j.$$

Alle Ableitungen erfolgen in analoger Weise wie im Falle der einfachen Besetzung. Wir geben nur die Ergebnisse an. Als Tabelle der Varianzanalyse erhält man (Tab. 6, s. S. 68).

$MQ_R = \hat{\sigma}^2$ ist eine Schätzung der Versuchsfehlervarianz σ^2. Aus der Anzahl der Freiheitsgrade $f_R = a\,b\,(n-1)$ ersieht man, daß $n > 1$ notwendig erfüllt sein muß.

Zum Prüfen der Hypothese

$$H_A : \alpha_i = 0 \quad (i = 1, 2, \ldots, a)$$

benutzt man die zufällige Veränderliche

$$\mathcal{F} = \frac{MQ_A}{MQ_R} = \frac{a\,b\,(n-1)}{a-1} \frac{SQ_A}{SQ_R}\,.$$

Sie ist F-verteilt mit $f_1 = a - 1$ und $f_2 = a\,b\,(n-1)$ Freiheitsgraden. Bei Vorgabe einer Irrtumswahrschein-

2.2. *Tabelle 6*

Varianzanalyse bei einer zweifachen Klassifikation mit $n > 1$ Beobachtungen in jeder Unterklasse

Quelle der Variation (1)	SQ (2)	FG (3)	MQ (4)	F (5)
Faktor A	$SQ_A = \sum_{i=1}^{a} \frac{Y_{i\cdot\cdot}^2}{b\,n} - \frac{Y_{\cdot\cdot\cdot}^2}{N}$	$f_A = a - 1$	$MQ_A = \frac{SQ_A}{f_A}$	$\frac{MQ_A}{MQ_R}$
Faktor B	$SQ_B = \sum_{j=1}^{b} \frac{Y_{\cdot j\cdot}^2}{a\,n} - \frac{Y_{\cdot\cdot\cdot}^2}{N}$	$f_B = b - 1$	$MQ_B = \frac{SQ_B}{f_B}$	$\frac{MQ_B}{MQ_R}$
Wechsel-wirkung $A \times B$	$SQ_{A\times B} = \sum_{i=1}^{a} \sum_{j=1}^{b} \frac{Y_{ij\cdot}^2}{n} - \sum_{i=1}^{a} \frac{Y_{i\cdot\cdot}^2}{b\,n} - \sum_{j=1}^{b} \frac{Y_{\cdot j\cdot}^2}{a\,n} + \frac{Y_{\cdot\cdot\cdot}^2}{N}$	$f_{A\times B} = (a-1)(b-1)$	$MQ_{A\times B} = \frac{SQ_{A\times B}}{f_{A\times B}}$	$\frac{MQ_{A\times B}}{MQ_R}$
Versuchs fehler	$SQ_R = \sum_{i=1}^{a} \sum_{j=1}^{b} \sum_{\nu=1}^{n} y_{ij\nu}^2 - \sum_{i=1}^{a} \sum_{j=1}^{b} \frac{Y_{ij.}^2}{\text{n}}$	$f_R = N - a\,b = a\,b\,n - a\,b = a\,b\,(n-1)$	$MQ_R = \frac{SQ_R}{f_R} = \hat{\sigma}^2$	
	$SQ_{\text{Total}} = \sum_{i=1}^{a} \sum_{j=1}^{b} \sum_{\nu=1}^{n} y\;_{j\nu} - \frac{Y_{\cdot\cdot\cdot}^2}{\text{n}}$	$N - 1$		

lichkeit α nehmen wir H_A an, wenn für den in Spalte (5) von Tabelle 6 errechneten Wert gilt

$$F < F_\alpha(f_1, f_2) = F_\alpha\;\big((a-1)\,,\; a\,b\,(n-1)\big).$$

(Ist $F > F_\alpha(f_1, f_2)$, dann gilt wenigstens einmal $\alpha_i \neq 0$.)

Zum Prüfen der Hypothese

$$H_B: \beta_j = 0 \qquad (j = 1, 2, \ldots, b)$$

benutzt man die zufällige Veränderliche

$$\mathcal{F} = \frac{MQ_B}{MQ_R} = \frac{a\,b\,(n-1)}{b-1}\,\frac{SQ_B}{SQ_R}\,.$$

Sie ist wieder F-verteilt mit $f_1 = b - 1$, $f_2 = a\,b\,(n-1)$ Freiheitsgraden. Gilt mit einer Irrtumswahrscheinlichkeit α für den Wert F aus Spalte (5), Tabelle 6, die Beziehung

$$F < F_\alpha(f_1, f_2) = F_\alpha\left((b-1)\,,\quad a\,b\,(n-1)\right),$$

dann nehmen wir die Hypothese H_B an. Wir lehnen H_B ab, wenn

$$F > F_\alpha(f_1, f_2)\,,$$

d. h., dann gilt wenigstens einmal $\beta_j \neq 0$.

Zum Prüfen der Hypothese

$$H_{A\times B}\colon (\alpha\,\beta)_{ij} = 0$$

$$(i = 1, 2, \ldots, a;\; j = 1, 2, \ldots, b)$$

benutzt man die zufällige Veränderliche

$$\mathcal{F} = \frac{M\,Q_{A\times B}}{M\,Q_R} = \frac{a\,b\,(n-1)}{(a-1)\,(b-1)}\,\frac{S\,Q_{A\times B}}{S\,Q_R}\,,$$

die eine F-Verteilung mit $f_1 = (a-1)\,(b-1)$ und $f_2 = a\,b\,(n-1)$ Freiheitsgraden besitzt. Bei einer vorgegebenen Irrtumswahrscheinlichkeit α wird die Hypothese $H_{A\times B}$ angenommen, wenn für den in Spalte (5) von Tabelle 6, Abschnitt 2.2, errechneten Wert F gilt

$$F < F_\alpha(f_1, f_2) = F_\alpha\left((a-1)\,(b-1)\,,\quad a\,b\,(n-1)\right).$$

Die Hypothese $H_{A\times B}$ wird abgelehnt, wenn

$$F > F_\alpha(f_1, f_2)\,.$$

Damit ist wenigstens einmal $(\alpha\,\beta)_{ij} \neq 0$.

Die zum Prüfen der Hypothese notwendigen Tafelwerte $F_\alpha(f_1, f_2)$ findet der Leser wieder u. a. bei E. Weber (1967).

2.2.4. Beispiel[1])

In einem Gewächshausversuch sollte der Ertrag $x_{ij\nu}$ einer bestimmten Weizensorte bei Einwirkung einer Bodenbehandlung (bestimmte Kombinationen von Humus- und chemischer Düngung) (Faktor A) und einer chemischen Behandlung (Faktor B) untersucht werden.

Um die Berechnungen zu vereinfachen, wurde von jedem Ertragswert $x_{ij\nu}$ ein konstanter Wert $c = 13$ subtrahiert. Dadurch ändern sich die SQ in der Tafel der Varianzanalyse nicht. Wir haben also jetzt die Werte

$$x_{ij\nu} - c = y_{ij\nu} .$$

Damit sind die negativen Meßwerte erklärt.

Für die (i, j)-te Unterklasse wurden $n = 3$ Beobachtungen gemacht. Um Inhomogenitäten auszuschalten, die durch die Anordnung der Töpfe im Versuch hervorgerufen werden könnten, wurde wieder eine Randomisierung durchgeführt. Man erhielt folgende Meßergebnisse (Tab. 7, s. S. 71).

Es sind $N = a \cdot b \cdot n = 4 \cdot 4 \cdot 3 = 48$ Beobachtungswerte. Um die SQ in der Tabelle der Varianzanalyse zu ermitteln, sind folgende Berechnungen erforderlich:

Es ist

$$\frac{Y_{\cdots}^2}{N} = \frac{87{,}7^2}{48} = 160{,}242$$

und

$$\sum_{i=1}^{4} \sum_{j=1}^{4} \sum_{\nu=1}^{3} y_{ij\nu} = (8{,}4)^2 + (8{,}2)^2 + \cdots + (-1)^2 + (1{,}6)^2 + (1{,}0)^2 = 527{,}39 .$$

Daraus erhält man

$$SQ_{\text{Total}} = \sum_{i=1}^{4} \sum_{j=1}^{4} \sum_{\nu=1}^{3} y_{ij\nu}^2 - \frac{Y_{\cdots}^2}{48} = 367{,}15,$$

[1]) Das Beispiel wurde dem Lehrbuch E. Weber, Grundriß der biologischen Statistik, Jena 1964, 5. Auflage, entnommen.

in jeder Unterklasse

Bodenbehandlung (Faktor A)	i \ j	1 Unbehandeltes	2 $N + O$	3 CO_2-Gas	4 H_2CO_3	$Y_{i..}$	$y_{i..}$
		Chemische Behandlung (Faktor B)					
	1 Unbehandelt	8,4 8,2 7,1	7,9 7,3 6,8	6,6 5,8 3,4	4,6 3,6 4,5		
		$Y_{11.} =$ 23,7	$Y_{12.} =$ 22,0	$Y_{13.} =$ 15,8	$Y_{14.} =$ 12,7	74,2	6,183
	2 Strohdüngung	− 1 1,2 − 0,9	0,6 0,3 − 1,4	0 0,7 − 1,0	0,3 1,0 0,9		
		$Y_{21.} =$ − 0,7	$Y_{22.} =$ − 0,5	$Y_{23.} =$ − 0,3	$Y_{24.} =$ − 2,2	0,7	0,058
	3 PO_4 + Stroh	0,5 − 1,1 0,4	1,0 2,6 0,8	− 0,1 − 0,1 0,1	− 0,6 0,7 0		
		$Y_{31.} =$ − 0,2	$Y_{32.} =$ 4,4	$Y_{33.} =$ − 0,1	$Y_{34.} =$ 0,1	4,2	0,350
	4 Stroh + PO_4, Kalk	− 0,2 0,8 0,7	1,1 0,2 2,3	1,2 0,6 0,3	1,0 1,6 1,0		
		$Y_{41.} =$ 1,3	$Y_{42.} =$ 3,6	$Y_{43.} =$ 2,1	$Y_{44.} =$ 1,6	8,6	0,717
$Y_{.j.}$		24,1	29,5	17,5	16,6	$Y_{...} =$ 87,7	
$y_{.j.}$		2,008	2,458	1,458	1,383		$y_{...} =$ 1,827

$$S Q_A = \sum_{i=1}^{4} \frac{Y_{i..}^2}{12} - \frac{Y_{...}^2}{48} = \frac{1}{12}(74{,}2^2 + 0{,}7^2 + 4{,}2^2 + 8{,}6^2) - 160{,}24 = 306{,}24\,,$$

$$S Q_B = \sum_{j=1}^{4} \frac{Y_{.j.}^2}{12} - \frac{Y_{...}^2}{48} = \frac{1}{12}(24{,}1^2 + 29{,}5^2 + 17{,}5^2 + 16{,}6^2) - 160{,}24 = 9{,}17\,,$$

$$S Q_{A\times B} = \sum_{i=1}^{4}\sum_{j=1}^{4} \frac{Y_{ij.}^2}{3} - \sum_{i=1}^{4} \frac{Y_{i..}^2}{12} - \sum_{j=1}^{4} \frac{Y_{.j.}^2}{12} + \frac{Y_{...}^2}{48}$$
$$= \sum_{i=1}^{4}\sum_{j=1}^{4} \frac{Y_{ij.}^2}{3} - \frac{Y_{...}^2}{48} - S Q_A - S Q_B = 25{,}46\,.$$

Wegen $S Q_{\text{Total}} = S Q_A + S Q_B + S Q_{A\times B} + S Q_{\text{Rest}}$ erhält man $S Q_{\text{Rest}} = S Q_{\text{Total}} - S Q_A - S Q_B - S Q_{A\times B} = 26{,}28$. Diese Ergebnisse fassen wir zur Tabelle der Varianzanalyse zusammen:

2.2. *Tabelle 8*

Varianzanalyse für den Gewächshausversuch

Quelle der Variation (1)	SQ (2)	FG (3)	MQ (4)	F (5)
Faktor A (Boden-behandlung)	$SQ_A = 306{,}24$	3	102,08	124,48
Faktor B (chem. Behandlung)	$SQ_B = 9{,}17$	3	3,06	3,73
Wechsel-wirkung $A \times B$	$SQ_{A\times B} = 25{,}46$	9	2,83	3,45
Versuchsfehler	$SQ_R = 26{,}28$	32	$\hat{\sigma}^2 = 0{,}82$	
	$SQ_{\text{Total}} = 367{,}15$	47		

Die Versuchsfehlervarianz σ^2 wird durch $s^2 = \hat{\sigma}^2 = 0{,}82$ geschätzt. Die Streuung des Beobachtungsmaterials beträgt demnach $s = 0{,}9$. Wir prüfen alle Hypothesen H_A, H_B und $H_{A \times B}$ mit einer Irrtumswahrscheinlichkeit $\alpha = 0{,}05$.

$$H_A : \alpha_i = 0 \quad (i = 1, 2, 3, 4)\,,$$
$$F > F_{0,05}\,(3; 32) \quad (124{,}48 > 2{,}90)\,.$$

H_A wird nicht angenommen, d. h., die Effekte der Bodenbehandlungen sind für mindestens ein i ungleich 0.

$$H_B : \beta_j = 0 \quad (j = 1, 2, 3, 4)\,,$$
$$F > F_{0,05}\,(3; 32) \quad (3{,}73 > 2{,}90)\,.$$

H_B wird nicht angenommen, d. h., die Effekte der chemischen Behandlungen sind für mindestens ein j ungleich 0.

$$H_{A \times B} : (\alpha\beta)_{ij} = 0 \quad (i = 1, 2, 3, 4;\ j = 1, 2, 3, 4)\,,$$
$$F > F_{0,05}\,(9; 32) \quad (3{,}45 > 2{,}19)\,.$$

$H_{A \times B}$ wird nicht angenommen, d. h., die Wechselwirkungseffekte „Bodenbehandlung × chemische Behandlung" sind für mindestens ein Paar (i, j) ungleich 0, m. a. W. Unterschiede auf Grund der Wechselwirkung „Bodenbehandlung × chemische Behandlung" sind statistisch gesichert. (Eine weitere Analyse des Experiments besonders im Hinblick auf die Frage, welche der Behandlungen sich von welchen signifikant unterscheiden, findet der Leser wieder ausführlich bei E. Weber (1967).)

2.3. *Dreifache Klassifikation*

Die dreifache Klassifikation soll hier nicht mehr in allen Einzelheiten abgeleitet werden, sondern wir wollen uns nur darüber klar werden, daß die dreifach und alle höher klassifizierten Versuchsanlagen direkte Verallgemeinerungen der ausführlich betrachteten zweifachen Klassifikation sind, wenn in den kleinsten Versuchseinheiten überall eine Beobachtung vorliegt oder eine gleiche Anzahl n von Beobachtungen vorkommt.

Wir wollen hier nur die dreifache Klassifikation mit einer Beobachtung in jeder Unterklasse betrachten.

Die Anordnung der Versuchsergebnisse bei einer dreifachen Klassifikation läßt sich auch in einer Darstellung in der Ebene veranschaulichen. Dabei geht jedoch die Anschauung über die möglichen Wechselwirkungen verloren. Es ist zweckmäßiger, die Versuchsergebnisse y_{ijk} als Gitterpunkte eines Quaders aufzufassen (siehe Abb. 1).

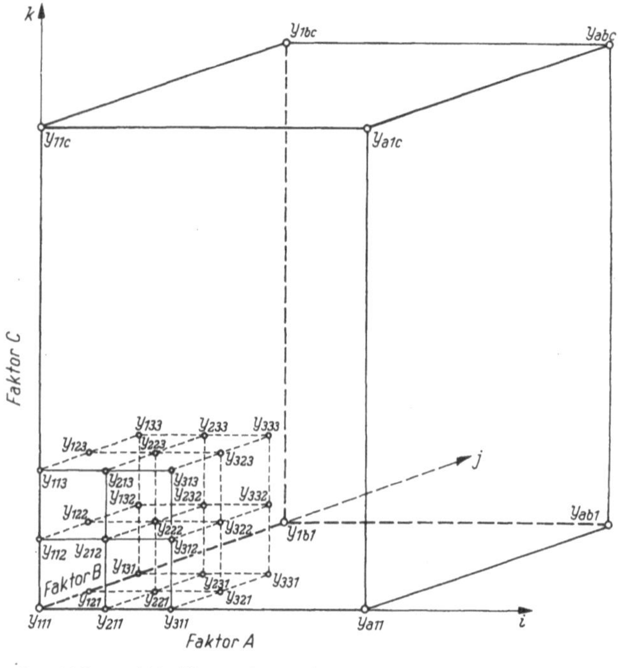

2.3 Abb. 1. Die Versuchsergebnisse y_{ijk} einer dreifachen Klassifikation als Gitterpunkte eines Quaders

(Von den insgesamt $N = a \cdot b \cdot c$ Versuchsergebnissen (Gitterpunkten) y_{ijk} sind die ersten 27 Werte $y_{111}, \ldots, y_{333}$ angedeutet.)

Für jedes k werden allen in der (i, j)-Ebene gelegenen Gitterpunkten y_{ijk} die entsprechenden Wechselwirkungseffekte $(\alpha\beta)_{ij}$ zugeordnet. Entsprechendes gilt für die Gitterpunkte der (i, k)-Ebene für jedes j und für die Gitterpunkte der (j, k)-Ebene für jedes i. Jeder Gitterpunkt stellt hier eine Experimentaleinheit dar, die mit je einem Meßwert y_{ijk} besetzt ist. Bei einer dreifachen Klassifikation mit mehrfacher aber gleicher Besetzung kann man sich an jedem Gitterpunkt n Meßwerte $y_{ijk1}, \ldots, y_{ijkn}$ vorstellen. Dann wird zusätzlich den Gitterpunkten des ganzen Quaders noch je ein Wechselwirkungseffekt $(\alpha\beta\gamma)_{ijk}$ zugeordnet.

Die Modellgleichung lautet

$$y_{ijk} = \mu + \alpha_i + \beta_j + \gamma_k + (\alpha\beta)_{ij} + (\alpha\gamma)_{ik} + (\beta\gamma)_{jk} + e_{ijk}$$
$$(i = 1, 2, \ldots, a;\ j = 1, 2, \ldots, b;\ k = 1, 2, \ldots, c), \quad (2.3.1)$$

μ — allgemeines Mittel, α_i — Effekt der i-ten Stufe des Faktors A $(i = 1, 2, \ldots, a)$, β_j — Effekt der j-ten Stufe des Faktors B $(j = 1, 2, \ldots, b)$, γ_k — Effekt der k-ten Stufe des Faktors C $(k = 1, 2, \ldots, c)$, $(\alpha\beta)_{ij}$ — Wechselwirkungseffekt zwischen der i-ten Stufe des Faktors A und der j-ten Stufe des Faktors B $(i = 1, 2, \ldots, a;\ j = 1, 2, \ldots, b)$, $(\alpha\gamma)_{ik}$ — Wechselwirkungseffekt zwischen der i-ten Stufe des Faktors A und der k-ten Stufe des Faktors C $(i = 1, 2, \ldots, a;$ $k = 1, 2, \ldots, c)$, $(\beta\gamma)_{jk}$ — Wechselwirkungseffekt zwischen der j-ten Stufe des Faktors B und der k-ten Stufe des Faktors C $(j = 1, 2, \ldots, b;\ k = 1, 2, \ldots, c)$, e_{ijk} — Beobachtungsfehler, unabhängig und normalverteilt mit dem Erwartungswert 0 und der Varianz σ^2 für alle i, j und k.

Als Reparametrisierungsbedingungen wählen wir

$$\left.\begin{array}{ll} \sum_i \alpha_i = 0\,,\quad \sum_j \beta_j = 0\,,\quad \sum_k \gamma_k = 0\,, & \\ \sum_i (\alpha\beta)_{ij} = 0 & \text{für alle } j\,, \\ \sum_j (\alpha\beta)_{ij} = 0 & \text{für alle } i\,, \end{array}\right| \quad (2.3.2)$$

$$\left.\begin{aligned}
&\sum_i (\alpha\gamma)_{ik} = 0 && \text{für alle } k\,,\\
&\sum_k (\alpha\gamma)_{ik} = 0 && \text{für alle } i\,,\\
&\sum_j (\beta\gamma)_{jk} = 0 && \text{für alle } k\,,\\
&\sum_k (\beta\gamma)_{jk} = 0 && \text{für alle } j\,.
\end{aligned}\right\} \quad (2.3.2)$$

Gemäß der Methode der kleinsten Quadrate erhält man nach Nullsetzen der partiellen Ableitungen von

$$S = \sum_{i,j,k} (y_{ijk} - \mu - \alpha_i - \beta_j - \gamma_k - (\alpha\beta)_{ij} - (\alpha\gamma)_{ik} - (\beta\gamma)_{jk})^2$$

nach μ, α_i, ..., $(\beta\gamma)_{jk}$ das Normalgleichungssystem. Unter Berücksichtigung der Reparametrisierungsbedingungen (2.3.2) ist das System eindeutig lösbar und ergibt die Schätzungen

$$\begin{aligned}
\hat{\mu} &= y_{\cdots}\,,\\
\hat{\alpha}_i &= y_{i\cdot\cdot} - y_{\cdots}\,,\\
\hat{\beta}_j &= y_{\cdot j\cdot} - y_{\cdots}\,,\\
\hat{\gamma}_k &= y_{\cdot\cdot k} - y_{\cdots}\,,\\
\widehat{(\alpha\beta)}_{ij} &= y_{ij\cdot} - y_{i\cdot\cdot} - y_{\cdot j\cdot} + y_{\cdots}\,,\\
\widehat{(\alpha\gamma)}_{ik} &= y_{i\cdot k} - y_{i\cdot\cdot} - y_{\cdot\cdot k} + y_{\cdots}\,,\\
\widehat{(\beta\gamma)}_{jk} &= y_{\cdot jk} - y_{\cdot j\cdot} - y_{\cdot\cdot k} + y_{\cdots}\,.
\end{aligned}$$

Damit erhält man als Regressionswert

$$\overset{(0)}{y}_{ijk} = \hat{\mu} + \hat{\alpha}_i + \cdots + \widehat{(\beta\gamma)}_{jk}\,,$$

d. h. $\overset{(0)}{y}_{ijk} = y_{ik\cdot} + y_{i\cdot k} + y_{\cdot jk} - y_{i\cdot\cdot} - y_{\cdot j\cdot} - y_{\cdot\cdot k} + y_{\cdots}$

und folglich

$$SQ_{\text{Rest}} = \sum_i \sum_j \sum_k (y_{ijk} - \overset{(0)}{y}_{ijk})^2\,,$$

d. h. $SQ_{\text{Rest}} = \sum_i \sum_j \sum_k (y_{ijk} - y_{ij\cdot} - y_{i\cdot k} - y_{\cdot jk} + y_{i\cdot\cdot} + y_{\cdot j\cdot} + y_{\cdot\cdot k} - y_{\cdots})^2\,.$

Um die Zerlegungsformel für $S\,Q_{\text{Total}}$ anwenden zu können, stellen wir nacheinander folgende Hypothesen auf:

$$\begin{aligned}
H_1&: \quad (\beta\gamma)_{jk} = 0\,,\\
H_2&: \quad (\alpha\gamma)_{ik} = 0 \quad \text{und} \quad H_1\,,\\
H_3&: \quad (\alpha\beta)_{ij} = 0 \quad \text{und} \quad H_2\,,\\
H_4&: \quad \gamma_k = 0 \quad \text{und} \quad H_3\,,\\
H_5&: \quad \beta_j = 0 \quad \text{und} \quad H_4\,,\\
H_6&: \quad \alpha_i = 0 \quad \text{und} \quad H_5\,.
\end{aligned}$$

Diesen Bedingungen entsprechen die Regressionswerte

$$\begin{aligned}
\overset{(1)}{y}_{ijk} &= y_{ij\cdot} + y_{i\cdot k} - y_{i\cdot\cdot}\,,\\
\overset{(2)}{y}_{ijk} &= y_{ij\cdot} + y_{\cdot\cdot k} - y_{\cdot\cdot\cdot}\,,\\
\overset{(3)}{y}_{ijk} &= y_{i\cdot\cdot} + y_{\cdot j\cdot} + y_{\cdot\cdot k} - 2\,y_{\cdot\cdot\cdot}\,,\\
\overset{(4)}{y}_{ijk} &= y_{i\cdot\cdot} + y_{\cdot j\cdot} - y_{\cdot\cdot\cdot}\,,\\
\overset{(5)}{y}_{ijk} &= y_{i\cdot\cdot}\,,\\
\overset{(6)}{y}_{ijk} &= y_{\cdot\cdot\cdot}\,.
\end{aligned}$$

Wendet man darauf die Zerlegungsformel (1.11.1) bzw. (1.11.2) in der der dreifachen Klassifikation entsprechenden Schreibweise an, so erhält man

$$\begin{aligned}
&\sum_i\sum_j\sum_k (y_{ijk} - y_{\cdot\cdot\cdot})^2\\
&= \sum_i\sum_j\sum_k (y_{ijk} - \overset{(0)}{y}_{ijk})^2 + \sum_i\sum_j\sum_k (\overset{(0)}{y}_{ijk} - \overset{(1)}{y}_{ijk})^2\\
&\quad + \sum_i\sum_j\sum_k (\overset{(1)}{y}_{ijk} - \overset{(2)}{y}_{ijk})^2 + \sum_i\sum_j\sum_k (\overset{(2)}{y}_{ijk} - \overset{(3)}{y}_{ijk})^2\\
&\quad + \sum_i\sum_j\sum_k (\overset{(3)}{y}_{ijk} - \overset{(4)}{y}_{ijk})^2 + \sum_i\sum_j\sum_k (\overset{(4)}{y}_{ijk} - \overset{(5)}{y}_{ijk})^2\\
&\quad + \sum_i\sum_j\sum_k (\overset{(5)}{y}_{ijk} - \overset{(6)}{y}_{ijk})^2\,,
\end{aligned}$$

2.3. *Tabelle 1*

Varianzanalyse für die dreifache Klassifikation

Quelle der Variation (1)	SQ (2)
Faktor A	$SQ_A = \sum_{i=1}^{a} \frac{Y_{i\cdot\cdot}^2}{bc} - \frac{Y_{\cdot\cdot\cdot}^2}{N}$
Faktor B	$SQ_B = \sum_{j=1}^{b} \frac{Y_{\cdot j\cdot}^2}{ac} - \frac{Y_{\cdot\cdot\cdot}^2}{N}$
Faktor C	$SQ_C = \sum_{k=1}^{c} \frac{Y_{\cdot\cdot k}^2}{ab} - \frac{Y_{\cdot\cdot\cdot}^2}{N}$
Wechselwirkung $A \times B$	$SQ_{A\times B} = \sum_i \sum_j \frac{Y_{ij\cdot}^2}{c} - \sum_{i=1}^{a} \frac{Y_{i\cdot\cdot}^2}{bc} - \sum_{j=1}^{b} \frac{Y_{\cdot j\cdot}^2}{ac} + \frac{Y_{\cdot\cdot\cdot}^2}{N}$
Wechselwirkung $A \times C$	$SQ_{A\times C} = \sum_i \sum_k \frac{Y_{i\cdot k}^2}{b} - \sum_{i=1}^{a} \frac{Y_{i\cdot\cdot}^2}{bc} - \sum_{k=1}^{c} \frac{Y_{\cdot\cdot k}^2}{ab} + \frac{Y_{\cdot\cdot\cdot}^2}{N}$
Wechselwirkung $B \times C$	$SQ_{B\times C} = \sum_j \sum_k \frac{Y_{\cdot jk}^2}{a} - \sum_{j=1}^{b} \frac{Y_{\cdot j\cdot}^2}{ab} - \sum_{k=1}^{c} \frac{Y_{\cdot\cdot k}^2}{ab} + \frac{Y_{\cdot\cdot\cdot}^2}{N}$
Versuchsfehler	$SQ_{\text{Rest}} = \sum_i \sum_j \sum_k y_{ijk}^2 - \sum_i \sum_j \frac{Y_{ij\cdot}^2}{c} - \sum_i \sum_k \frac{Y_{i\cdot k}^2}{b} - \sum_j \sum_k \frac{Y_{\cdot jk}^2}{a} + \sum_i \frac{Y_{i\cdot\cdot}^2}{bc} + \sum_j \frac{Y_{\cdot j\cdot}^2}{ac} + \sum_k \frac{Y_{\cdot\cdot k}^2}{ab} - \frac{Y_{\cdot\cdot\cdot}^2}{N}$
	$SQ_{\text{Total}} = \sum_i \sum_j \sum_k y_{ijk}^2 - \frac{Y_{\cdot\cdot\cdot}^2}{N}$

'abelle 1 2.3.

ıit einer Beobachtung in jeder Unterklasse

F G (3)	*M Q* (4)	*F* (5)
$f_A = a - 1$	$M\,Q_A = \frac{S\,Q_A}{f_A}$	$\frac{M\,Q_A}{M\,Q_R}$
$f_B = b - 1$	$M\,Q_B = \frac{S\,Q_B}{f_B}$	$\frac{M\,Q_B}{M\,Q_R}$
$f_C = c - 1$	$M\,Q_C = \frac{S\,Q_C}{f_C}$	$\frac{M\,Q_C}{M\,Q_R}$
$f_{A\times B} = (a-1)(b-1)$	$M\,Q_{A\times B} = \frac{S\,Q_{A\times B}}{f_{A\times B}}$	$\frac{M\,Q_{A\times B}}{M\,Q_R}$
$f_{A\times C} = (a-1)(c-1)$	$M\,Q_{A\times C} = \frac{S\,Q_{A\times C}}{f_{A\times C}}$	$\frac{M\,Q_{A\times C}}{M\,Q_R}$
$f_{B\times C} = (b-1)(c-1)$	$M\,Q_{B\times C} = \frac{S\,Q_{B\times C}}{f_{B\times C}}$	$\frac{M\,Q_{B\times C}}{M\,Q_R}$
$= (a-1)(b-1)(c-1)$	$M\,Q_R = \frac{S\,Q_R}{f_R} = \hat{\sigma}^2$	
$a\,b\,c - 1 = N - 1$		

d. h.

$$SQ_{\text{Total}} = SQ_{\text{Rest}} + SQ_{B\times C} + SQ_{A\times C} + SQ_{A\times B} + SQ_C + SQ_B = SQ_A.$$

Wir stellen die Ergebnisse zu der Tabelle der Varianzanalyse zusammen und verwenden wieder die Schreibweise für die SQ, die für eine numerische Auswertung am vorteilhaftesten ist (Tabelle 1, s. S. 78/79).

$$Y_{ij\cdot} = \sum_{k=1}^{c} y_{ijk}, \quad Y_{i\cdot k} = \sum_{j=1}^{b} y_{ijk}, \quad Y_{\cdot jk} = \sum_{i=1}^{a} y_{ijk},$$

$$Y_{i\cdot\cdot} = \sum_{j=1}^{b}\sum_{k=1}^{c} y_{ijk}, \quad Y_{\cdot j\cdot} = \sum_{i=1}^{a}\sum_{k=1}^{c} y_{ijk},$$

$$Y_{\cdot\cdot k} = \sum_{i=1}^{a}\sum_{j=1}^{b} y_{ijk}, \quad Y_{\cdot\cdot\cdot} = \sum_{i=1}^{a}\sum_{j=1}^{b}\sum_{k=1}^{c} y_{ijk},$$

$MQ_R = \hat{\sigma}^2$ ist eine Schätzung der Versuchsfehlervarianz.

Der Test der Signifikanz der Haupteffekte wird nach folgenden Testcharakteristiken durchgeführt.

Das Prüfen der Hypothese H_A: $\alpha_i = 0$ für $i = 1, 2, \ldots, a$ erfolgt mit der zufälligen Veränderlichen

$$\mathcal{F} = \frac{MQ_A}{MQ_R} = \frac{(a-1)(b-1)(c-1)}{a-1}\frac{SQ_A}{SQ_R},$$

die $F\big((a-1);\ (a-1)(b-1)(c-1)\big)$ – verteilt ist.

Gilt für den beobachteten Wert F (Spalte (5) von Tabelle 1) der zufälligen Veränderlichen $\mathcal{F}$ bei vorgegebener Irrtumswahrscheinlichkeit α

$$F < F_\alpha\big((a-1),\ (a-1)(b-1)(c-1)\big) = F_\alpha(f_A, f_R),$$

so wird die Hypothese H_A angenommen.

Bei $F > F_\alpha(f_A, f_R)$ erfolgt Ablehnung von H_A, d. h. mindestens ein $\alpha_i \neq 0$.

Ganz analog geht man beim Test der Signifikanz der anderen Haupteffekte vor.

Hypothese H_B:

$$\beta_j = 0 \text{ für } j = 1, 2, \ldots, b.$$

Bei $F < F_\alpha((b-1);\ (a-1)(b-1)(c-1)) = F_\alpha(f_B, f_R)$ Annahme von H_B. Bei $F > F_\alpha(f_B, f_R)$ Ablehnung von H_B.

Hypothese H_C:

$$\gamma_k = 0 \quad \text{für} \quad k = 1, 2, \ldots, c.$$

Bei $F < F_\alpha((c-1);(a-1)(b-1)(c-1)) = F_\alpha(f_C, f_R)$ Annahme von H_C. Bei $F > F_\alpha(f_C, f_R)$ Ablehnung von H_C.

Der Test der Signifikanz der Wechselwirkungseffekte wird nach folgenden Testcharakteristiken durchgeführt. Die Hypothese $H_{A\times B}$: $(\alpha\beta)_{ij} = 0$ für $i = 1, 2, \ldots, a$; $j = 1, 2, \ldots, b$ wird auf Grund der zufälligen Veränderlichen

$$\mathcal{F} = \frac{MQ_{A\times B}}{MQ_R} = \frac{(a-1)(b-1)(c-1)}{(a-1)(b-1)} \frac{SQ_{A\times B}}{SQ_R}$$

geprüft.

Gilt für den beobachteten Wert F (Spalte (5) von Tab. 1) der zufälligen Veränderlichen $\mathcal{F}$ bei vorgegebener Irrtumswahrscheinlichkeit α die Beziehung

$$F < F_\alpha((a-1)(b-1);\ (a-1)(b-1)(c-1)) = F_\alpha(f_{A\times B}, f_R),$$

dann wird die Hypothese $H_{A\times B}$ angenommen.

Bei $F > F_\alpha(f_{A\times B}, f_R)$ erfolgt Ablehnung von $H_{A\times B}$, d. h. mindestens ein $(\alpha\beta)_{ij} \neq 0$.

Entsprechend erfolgen die Signifikanzteste der anderen Wechselwirkungseffekte.

Hypothese $H_{A\times C}$:

$$(\alpha\gamma)_{ik} = 0 \quad \text{für} \quad i = 1, 2, \ldots, a;\ k = 1, 2, \ldots, c.$$

Bei $F < F_\alpha((a-1)(c-1);\ (a-1)(b-1)(c-1)) = F_\alpha(f_{A\times C}\ f_R)$, Annahme von $H_{A\times C}$.

Bei $F > F_\alpha(f_{A\times C}, f_R)$ Ablehnung von $H_{A\times C}$.

Hypothese $H_{B\times C}$:

$$(\beta\gamma)_{jk} = 0 \quad \text{für} \quad j = 1, 2, \ldots, b;\ k = 1, 2, \ldots, c.$$

Bei $F < F_\alpha((b-1)(c-1);\ (a-1)(b-1)(c-1)) = F_\alpha(f_{B\times C}, f_R)$ Annahme von $H_{B\times C}$.

Bei $F > F_\alpha(f_{B\times C}, f_R)$ Ablehnung von $H_{B\times C}$.

Ein Beispiel für eine dreifache Klassifikation findet der Leser in E. WEBER (1964).

Die Hinzunahme eines weiteren Faktors führt zu einer 4fachen Klassifikation. Die Tabelle der Varianzanalyse erhält man durch entsprechende Verallgemeinerung. Neue Probleme tauchen dabei nicht auf, solange die Voraussetzungen der Varianzanalyse erfüllt sind, es sich um ein additives Modell handelt und stets eine gleiche Anzahl von Beobachtungen in jeder Unterklasse vorliegt.

Die besonders im Feldversuchswesen bekannten speziellen Versuchspläne wie Lateinische Quadrate und Griechisch-lateinische Quadrate sind im Hinblick auf ihre numerische Behandlung wie Kreuzklassifikationen ohne Wechselwirkungen zu betrachten. Sie sollen deswegen hier nicht behandelt werden. Eine gute Übersicht findet der Leser u. a. bei SCHEFFÉ (1958) und O. KEMPTHORNE (1952).

2.4. *Hierarchisch klassifizierte Versuchsanlagen*

Bei den bisher betrachteten zwei- und mehrfach klassifizierten Versuchsanlagen tritt jede Stufe eines Faktors mit jeder Stufe eines anderen Faktors gemeinsam auf. Bei der zweifachen Klassifikation z. B. ist der Meßwert y_{ij} unter der Wirkung der Stufe i des Faktors A und gleichzeitig unter der Wirkung der Stufe j des Faktors B entstanden. Man bezeichnet diese Klassifikationen daher auch als Kreuzklassifikationen.

Sehr nützlich sind aber auch Versuchspläne, wo alle Stufen eines Faktors immer nur mit einer Stufe eines anderen Faktors zusammen auftreten. Solche Klassifikation führt zu einer hierarchischen Anordnung. Wir wollen hier nur eine zweifache hierarchische Klassifikation betrachten mit einer gleichen Anzahl von Beobachtungen in den kleinsten Unterklassen. Die Verallgemeinerung auf eine beliebige Anzahl von Faktoren ist ohne Schwierigkeit durchzuführen. Im Falle des Modells II werden wir noch weitere hierarchisch klassifizierte Versuchspläne angeben, da sie als Modell I häufig nur formale Bedeutung haben und wenig realistisch sind.

2.4.1. Zweifache hierarchische Klassifikation mit n Beobachtungen in jeder Unterklasse

Die Versuchsanlage mit den Stufen der einwirkenden Faktoren A und B läßt sich wie folgt veranschaulichen:

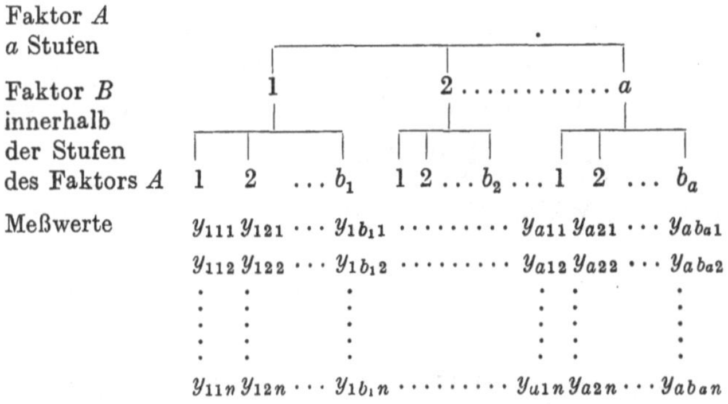

2.4. Abb. 1. Schematische Darstellung einer zweifachen hierarchischen Klassifikation

Für die ν-te Beobachtung der j-ten Stufe des Faktors B innerhalb der i-ten Stufe des Faktors A nehmen wir folgende Modellgleichung an

$$y_{ij\nu} = \mu + \alpha_i + \beta_{ij} + e_{ij\nu} \qquad (2.4.1)$$

$$i = 1, 2, \ldots, a; \; j = 1, 2, \ldots, b_i; \; \nu = 1, 2, \ldots, n,$$

μ – allgemeines Mittel, α_i – Haupteffekte der Stufen des Faktors A, β_{ij} – Haupteffekte der Stufen des Faktors B innerhalb der i-ten Stufe des Faktors A, $e_{ij\nu}$ – unabhängig und normalverteilt $N(O, \sigma^2)$ für alle i, j, ν.

Die Reparametrisierungsbedingungen lauten

$$\sum_{i=1}^{a} \alpha_i = 0, \quad \sum_{j=1}^{b_i} \beta_{ij} = 0 \quad \text{für alle } i. \qquad (2.4.2)$$

In den Haupteffekten des Faktors B gehen die Wechselwirkungseffekte mit der i-ten Stufe des Faktors A ein. Sie sind nicht voneinander zu trennen. Die Parameter der Modellgleichung (2.4.1) werden nach der Methode der kleinsten Quadrate geschätzt. Es ist

$$S = \sum_i \sum_j \sum_\nu (y_{ij\nu} - \mu - \alpha_i - \beta_{ij})^2$$

für gegebene $y_{ij\nu}$ zu minimieren. S ist eine Funktion der zu schätzenden Parameter, d. h.

$$S = S(\mu, \alpha_1, \ldots, \alpha_a, \beta_{11}, \ldots, \beta_{ab_a}) . \qquad (2.4.3)$$

Nach Nullsetzen der partiellen Ableitungen von S nach μ, α_i und β_{ij} erhält man die Normalgleichungen

$$\sum_{i,j,\nu} \hat{\mu} + \sum_{i,j,\nu} \hat{\alpha}_i + \sum_{i,j,\nu} \hat{\beta}_{ij} = \sum_{i,j,\nu} y_{ij\nu} ,$$

$$\sum_{j,\nu} \hat{\mu} + \sum_{j,\nu} \hat{\alpha}_i + \sum_{j,\nu} \hat{\beta}_{ij} = \sum_{j,\nu} y_{ij\nu} \qquad (i = 1, 2, \ldots, a) ,$$

$$\sum_{\nu} \hat{\mu} + \sum_{\nu} \hat{\alpha}_i + \sum_{\nu} \hat{\beta}_{ij} = \sum_{\nu} y_{ij\nu} \qquad (i = 1, 2, \ldots, a; \; j = 1, 2, \ldots, b) .$$

Unter Berücksichtigung der Reparametrisierungsbedingungen (2.4.2) erhält man die Schätzungen

$$\hat{\mu} = y_{\ldots} \quad \text{mit} \quad y_{\ldots} = \frac{1}{N} \sum_i \sum_j \sum_\nu y_{ij\nu} ,$$

$$\hat{\alpha}_i = y_{i\ldots} - y_{\ldots} \; (i = 1, 2, \ldots, a)$$

mit $y_{i\ldots} = \frac{1}{b_i n} \sum_{j=1}^{b_i} \sum_{\nu=1}^{n} y_{ij\nu}$,

$$\hat{\beta}_{ij} = y_{ij.} - y_{i\ldots} \; (i = 1, 2, \ldots, a; j = 1, 2, \ldots, b)$$

mit $y_{ij.} = \frac{1}{n} \sum_{\nu=1}^{n} y_{ij\nu}$.

Sie entsprechen den Schätzungen $\hat{\beta} = (\hat{\beta}_1, \ldots, \hat{\beta}_p)$ unter den Voraussetzungen Ω (siehe 1.5). Als Regressionswert $\overset{(0)}{y}_{ij\nu}$ (unter Ω) erhält man

$$\overset{(0)}{y}_{ij\nu} = \hat{\mu} + \hat{\alpha}_i + \hat{\beta}_{ij} = y_{ij.} . \qquad (2.4.4)$$

Nach (1.4.11) ergibt sich somit

$$S_1 = \operatorname*{Min}_{\Omega} S = SQ_{\text{Rest}} = \sum_i \sum_j \sum_\nu (y_{ij\nu} - \overset{(0)}{y_{ij\nu}})^2$$

$$= \sum_{i=1}^{a} \sum_{j=1}^{b_i} \sum_{\nu=1}^{n} (y_{ij\nu} - y_{ij.})^2 .$$

Die Anzahl f_R der Freiheitsgrade für SQ_{Rest} beträgt

$$n \sum_{i=1}^{a} b_i - \sum_{i=1}^{a} b_i = N - \sum_{i=1}^{a} b_i = f_R .$$

Die Quadratsumme in der Tabelle der Varianzanalyse als Zerlegung von SQ_{Total} kann man in folgender Weise erhalten:

Wir stellen nacheinander die Bedingungen

$$\omega_1 = \Omega \cap H_1$$

mit $H_1: \beta_{ij} = 0$ für $i = 1, 2, \ldots, a;\ j = 1, 2, \ldots, b_i$

$$\omega_2 = \Omega \cap H_1 \cap H_2$$

mit H_2: $\alpha_i = 0$ für $i = 1, 2, \ldots, a$

und stellen nach der Methode der kleinsten Quadrate die Normalgleichungen unter ω_1 und unter ω_2 auf.

Daraus ergeben sich die Schätzungen und damit die Regressionswerte

$$\overset{(1)}{y_{ij\nu}} = y_{i\cdot\cdot}, \quad \overset{(2)}{y_{ij\nu}} = y_{\cdots} . \tag{2.4.5}$$

Wendet man jetzt die Formel (1.11.1) bzw. (1.11.2) für die Zerlegung von SQ_{Total} an, so erhält man

$$\sum_{i,j,\nu} (y_{ij\nu} - y_{\cdots})^2 = \sum_{i,j,\nu} (y_{ij\nu} - y_{ij\cdot})^2 + \sum_{i,j,\nu} (y_{ij\cdot} - y_{i\cdot\cdot})^2$$
$$+ \sum_{i,j,\nu} (y_{i\cdot\cdot} - y_{\cdots})^2 ,$$

d. h. $SQ_{\text{Total}} = SQ_{\text{Rest}} + SQ_{B(A)} + SQ_A$.

Unter Verwendung der leicht zu verifizierenden Beziehungen

$$\sum_i \sum_j \sum_\nu (y_{ij\nu} - y_{\cdots})^2 = \sum_i \sum_j \sum_\nu y_{ij\nu}^2 - \frac{Y^2_{\cdots}}{N},$$

$$\sum_i \sum_j \sum_\nu (y_{ij\nu} - y_{ij\cdot})^2 = \sum_i \sum_j \sum_\nu y_{ij\nu}^2 - \sum_i \sum_j \frac{Y_{ij\cdot}^2}{n},$$

$$\sum_i \sum_j \sum_\nu (y_{ij\cdot} - y_{i\cdot\cdot})^2 = \sum_i \sum_j \frac{Y_{ij\cdot}^2}{n} - \sum_i \frac{Y_{i\cdot\cdot}^2}{n\, b_i},$$

$$\sum_i \sum_j \sum_\nu (y_{i\cdot\cdot} - y_{\cdots})^2 = \sum_i \frac{Y_{i\cdot\cdot}^2}{n\, b} - \frac{Y^2_{\cdots}}{N}$$

erhalten wir die folgende Tabelle der Varianzanalyse (Tab. 1 s. S. 87).

$$Y_{ij\cdot} = \sum_{\nu=1}^{n} y_{ij\nu}, \quad Y_{i\cdot\cdot} = \sum_{j=1}^{b_i} \sum_{\nu=1}^{n} y_{ij\nu};$$

$$Y_{\cdots} = \sum_{i=1}^{a} \sum_{j=1}^{b_i} \sum_{\nu=1}^{n} y_{ij\nu},$$

N – Gesamtzahl der Beobachtungen, $MQ_R = \hat{\sigma}^2$ ist eine Schätzung der Versuchsfehlervarianz σ^2.

Folgende Hypothesen sind zu prüfen:

(1) H_A: $\alpha_i = 0$ $(i = 1, 2, \ldots, a)$, d. h., die Haupteffekte des Faktors A sind Null.

(2) $H_{B(A)}$: $\beta_{ij} = 0$ $(i = 1, 2, \ldots, a;\ j = 1, 2, \ldots, b_i)$, d. h., die Haupteffekte des Faktors B innerhalb der Stufe i des Faktors A sind Null.

Zum Prüfen der Hypothese H_A benutzt man die zufällige Veränderliche

$$\mathcal{F} = \frac{MQ_A}{MQ_R} = \frac{N - \sum\limits_{i=1}^{a} b_i}{a - 1} \frac{SQ_A}{SQ_R}. \qquad (2.4.6)$$

2.4.

Tabelle 1

Varianzanalyse der zweifachen hierarchischen Klassifikation mit n Beobachtungen in jeder Unterklasse (orthogonaler Fall)

Quelle der Variation (1)	SQ (2)	FG (3)	MQ (4)	F (5)
Faktor A	$SQ_A = \sum_{i=1}^{a} \frac{Y_{i..}^2}{n b_i} - \frac{Y_{...}^2}{N}$	$f_A = a - 1$	$MQ_A = \frac{SQ_A}{f_A}$	$\frac{MQ_A}{MQ_R}$
Faktor B in A	$SQ_{B(A)} = \sum_{i=1}^{a} \sum_{j=1}^{b_i} \frac{Y_{ij.}^2}{n} - \sum_{i=1}^{a} \frac{Y_{i..}^2}{n b_i}$	$f_B = \sum_{i=1}^{a} b_i - a$	$MQ_{B(A)} = \frac{SQ_{B(A)}}{f_B}$	$\frac{MQ_{B(A)}}{MQ_R}$
Versuchsfehler	$SQ_{\text{Rest}} = \sum_{i=1}^{a} \sum_{j=1}^{b_i} \sum_{\nu=1}^{n} y_{ij\nu}^2 - \sum_{i=1}^{a} \sum_{j=1}^{b_i} \frac{Y_{ij.}^2}{n}$	$f_R = n \sum_{i=1}^{a} b_i - \sum_{i=1}^{a} b_i = N - b_i$	$MQ_R = \frac{SQ_R}{f_R} = \hat{\sigma}^2$	
	$SQ_{\text{Total}} = \sum_{i=1}^{a} \sum_{j=1}^{b_i} \sum_{\nu=1}^{n} y_{ij\nu}^2 - \frac{Y_{...}}{N}$	$N - 1$		

Sie besitzt eine F-Verteilung mit $f_1 = a - 1$ und $f_2 = N - \sum_{i=1}^{a} b_i$ Freiheitsgraden, d. h., $\mathcal{F}$ ist

$$F\left((a-1); \left(N - \sum_{i=1}^{a} b_i\right)\right)\text{-verteilt.}$$

Gilt bei gegebener Irrtumswahrscheinlichkeit α für ein vorgelegtes Problem für den Beobachtungswert F (Spalte (5) von Tab. 1) der zufälligen Veränderlichen $\mathcal{F}$

$$F < F_\alpha(f_1, f_2) = F_\alpha\left((a-1); \left(N - \sum_{i=1}^{a} b_i\right)\right),$$

dann wird H_A angenommen. ($F_\alpha(f_1, f_2)$-Werte siehe Tafel 6 und 7 bei E. WEBER).

Bei $F > F_\alpha(f_1, f_2)$ erfolgt Ablehnung von H_A. Zum Prüfen der Hypothese $H_{B(A)}$ benutzt man die zufällige Veränderliche

$$\mathcal{F} = \frac{MQ_{B(A)}}{MQ_R} = \frac{N - \sum_{i=1}^{a} b_i}{\sum_{i=1}^{a} b_i - a} \, \frac{SQ_{B(A)}}{SQ_R}, \tag{2.4.7}$$

die eine F-Verteilung mit $f_1 = \sum_{i=1}^{a} b_i - a$ und $f_2 = N - \sum_{i=1}^{a} b_i$ Freiheitsgraden besitzt. Gilt für ein gegebenes Problem, daß der in Spalte (5) von Tab. 1 beobachtete Wert F der Beziehung

$$F < F_\alpha(f_1, f_2) = F_\alpha\left(\left(\sum_{i=1}^{a} b_i - a\right); \left(N - \sum_{i=1}^{a} b_i\right)\right)$$

genügt, so wird die Hypothese $H_{B(A)}$ angenommen. Bei $F > F_\alpha(f_1, f_2)$ erfolgt Ablehnung der Hypothese $H_{B(A)}$.

2.4.2. *Beispiel*

Faktor A: Versuchsstationen (Orte) in $a = 4$ Stufen. Geprüft wurden die jährlichen Legeleistungen in kg von Hühnern einer bestimmten Rasse. Tiere der gleichen

Nachkommenschaft wurden jeweils zu einer Gruppe zusammengefaßt. Insgesamt wurden $\sum_{i=1}^{a} b_i = 12$ verschiedene Gruppen geprüft. In jeder Gruppe waren $n = 10$ Tiere, also insgesamt $N = n \cdot \sum_{i=1}^{a} b_i = 120$ Tiere, d. h. 120 Beobachtungswerte $y_{ij\nu}$.

Faktor B (für jeden Ort): b_i Gruppen von Tieren am Ort i. Als Summe der Quadrate aller Beobachtungswerte erhielt man

$$\sum_{i=1}^{4} \sum_{j=1}^{b_i} \sum_{\nu=1}^{10} y_{ij\nu}^2 = 15665{,}25 .$$

Wir stellen in Tab. 2 die Summen $Y_{ij.}$ der einzelnen Gruppen zusammen:

2.4. *Tabelle 2*

Summen $Y_{ij.}$ der 12 Gruppen

Faktor A	Faktor B	$Y_{ij.}$	$Y_{i..}$
1	1	114,3	455,6
	2	112,3	
	3	119,2	
	4	109,8	
2	1	105,1	218,8
	2	113,7	
3	1	94,1	297,9
	2	120,7	
	3	83,1	
4	1	121,2	368,1
	2	129,6	
	3	117,3	
			$Y_{...} = 1340{,}4$

Es ist $b_1 = 4,\ b_2 = 2,\ b_3 = 3,\ b_4 = 3,\ a = 4,$ somit

$$\sum_{i=1}^{4} b_i = 12\,, \quad a - 1 = 3\,, \quad \sum_{i=1}^{a} b_i - a = 8\,,$$

$$N - \sum_{i=1}^{a} b_i = 120 - 12 = 108\,.$$

Aus diesen Werten erhält man die Tabelle der Varianzanalyse:

2.4. *Tabelle 3*

Varianzanalyse einer zweifachen hierarchischen Klassifikation

Quelle der Variation (1)	SQ (2)	FG (3)	MQ (4)	F (5)
Faktor A	$SQ_A = 85{,}422$	$f_A = 3$	28,474	5,94
Faktor B in A	$SQ_{B(A)} = 91{,}106$	$f_B = 8$	11,389	2,38
Versuchs-fehler	$SQ_R = 516{,}454$	$f_R = 108$	4,782	
	$SQ_{\text{Total}} = 692{,}982$	119		

$MQ_R = 4{,}782$ ist eine Schätzung für die Versuchsfehlervarianz.

Hypothese $H_A : \alpha_i = 0\ (i = 1, 2, \ldots, a)$.

Bei einer Irrtumswahrscheinlichkeit von $\alpha = 0{,}05$ erhält man (siehe E. WEBER, Tafel 6 und 7)

$$2{,}68 < F_{0,05}\,(3;\,108) < 2{,}70\,.$$

Der zum Prüfen der Hypothese H_A beobachtete Wert F der zufälligen Veränderlichen (2.4.6) beträgt 5,94 (siehe Spalte (5) von Tab. 3), d. h.

$$F > F_\alpha\,(3;\,108)\,.$$

D. h., die Hypothese über die Gleichheit der Versuchsstationen ist abzulehnen, d. h., Unterschiede zwischen den Versuchsstationen sind statistisch gesichert.
Hypothese $H_{B(A)}$: $\beta_{ij} = 0$ $(i = 1, 2, \ldots, a; j = 1, 2, \ldots, b)$. Wieder sei $\alpha = 0{,}05$. Man entnimmt der Tabelle den Wert

$$2{,}01 < F_{0{,}05}(8;\, 108) < 2{,}03\,.$$

Der zum Prüfen der Hypothese $H_{B(A)}$ beobachtete Wert F der zufälligen Veränderlichen (2.4.7) beträgt 2,38 (siehe Spalte (5) von Tab. 3) und somit ist

$$F > F_{0{,}05}(8;\, 108)\,,$$

d. h. die Ablehnung der Hypothese $H_{B(A)}$; d. h. Unterschiede zwischen den Gruppen innerhalb der Versuchsstationen sind statistisch gesichert.

3. Modell mit zufälligen Effekten (Modell II)

Im Kapitel 2 wurden Modell I und Modell II schon erläutert und ihre Hauptmerkmale charakterisiert.

Die im allgemeinen linearen Modell (1.2.1) bzw. (1.2.2) vorkommenden Parameter β_j $(j = 1, 2, \ldots, p)$ sind im Falle eines Modells II als zufällige Veränderliche anzusehen, deren Varianzen als Komponenten der Gesamtvarianz geschätzt werden sollen. Somit sind Aussagen über die absolute und relative Stärke dieser Varianzkomponenten von primärem Interesse.

Beim Modell II handelt es sich im wahrsten Sinne des Wortes um eine Analyse der Varianz.

Man kann sich folgende Situation vorstellen: Vorgegeben sei eine bestimmte Menge von Rübenblättern (z. B. die der Rüben eines Hektars Ackerfläche), von denen wir p Stichproben entnehmen. In jeder Stichprobe seien n Messungen von Kalziumprozenten enthalten. Wenn wir mit $y_{i\nu}$ die ν-te Messung $(\nu = 1, 2, \ldots, n)$ der i-ten Stichprobe $(i = 1, 2, \ldots, p)$ bezeichnen, so erscheint folgender Ansatz vernünftig:

$$y_{i\nu} = a_i + e_{i\nu} . \tag{3.1}$$

Dabei gibt die zufällige Veränderliche a_i die Kalziumprozente der i-ten Stichprobe an und $e_{i\nu}$ den Meßfehler bei der ν-ten Messung der i-ten Stichprobe. Die Unabhängigkeit der a_i von den $e_{i\nu}$ ist meistens erfüllt. Wenn σ_a^2 die Varianz der a_i ist und σ_e^2 die Varianz der $e_{i\nu}$ so ist auf Grund der Unabhängigkeit

$$\text{Var}\,(y_{i\nu}) = \sigma^2 = \sigma_a^2 + \sigma_e^2 .$$

Wenn man nun Schätzungen $\hat{\sigma}_a^2$ und $\hat{\sigma}_e^2$ der beiden Varianzkomponenten σ_a^2 und σ_e^2 ermitteln kann, so ist man in der Lage abzuschätzen, welchen Effekt z. B. eine Verbesserung der Stichprobenentnahme auf die Gesamtvarianz σ^2 ausübt.

Der Ausdruck $\frac{\sigma_a^2}{\sigma^2} = \frac{\sigma_a^2}{\sigma_a^2 + \sigma_e^2}$ gibt den Anteil der durch die Stichprobenentnahme hervorgerufenen Variabilität an der Gesamtvariabilität wieder. Andererseits mißt die Varianz σ_e^2 direkt die Güte des analytischen Verfahrens der Kalziumbestimmung.

Betrachtet man jetzt die zufällige Veränderliche

$$y_{i\cdot} = \frac{1}{n} \sum_{\nu=1}^{n} y_{i\nu} ,$$

d. h. ein Stichprobenmittel, so erhält man dafür nach (3.1)

$$y_{i\cdot} = a_i + \frac{1}{n} \sum_{\nu=1}^{n} e_{i\nu} . \tag{3.2}$$

Die Varianz dieses Ausdrucks (3.2) ist

$$\sigma_a^2 + \frac{1}{n} \sigma_e^2 .$$

(Die Ableitungen werden in den nachfolgenden Abschnitten im einzelnen genauer durchgeführt.)

Man kann nun sehr leicht feststellen, wieviel unabhängige Messungen n in einer Stichprobe durchzuführen sind, um die Gesamtvarianz in gewünschten Grenzen zu halten. Ist z. B. σ_a^2 größer als σ_e^2, so wird eine Erhöhung der Anzahl n der Messungen pro Stichprobe kaum eine Wirkung zeigen.

Hier wird deutlich, welche Schlüsse man aus der Kenntnis der Komponenten der Varianz ziehen kann. Dabei ist es unwesentlich, wenn wir später als Modellgleichung den Ansatz $y_{i\nu} = \mu + a_i + e_{i\nu}$ machen mit μ als allgemeinem Mittel und a_i und $e_{i\nu}$ als voneinander unabhängige zufällige Veränderliche, denn eine Konstante (hier μ) hat auf die Varianz keinen Einfluß.

Je nach Versuchsanlage geht man von einer anderen Modellgleichung aus und damit von anderen Varianzkomponenten. Ausgangspunkt zum Schätzen der Varianzkomponenten bildet stets die Tabelle der Varianzanalyse, die wir in diesem Kapitel nicht mehr im einzelnen ableiten, sondern stets voraussetzen.

Wir verwenden wie bisher weiterhin lateinische Buchstaben für zufällige Veränderliche (zufällige Effekte) und griechische Buchstaben für feste Effekte.

3.1. Einfache Klassifikation

Die zur Schätzung der Varianzkomponenten notwendigen Ableitungen werden im Falle der einfachen Klassifikation ausführlicher dargelegt, da sie für diesen Fall noch nicht so umfangreich sind und das Prinzip erkennen lassen, nach dem man auch bei höher klassifizierten Versuchsanlagen vorgeht.

Wir unterscheiden immer die Fälle der gleichen Besetzung der Unterklassen (orthogonaler Fall, balanzierter Fall) und der ungleichen Besetzung der Unterklassen (nichtorthogonaler Fall, unbalanzierter Fall). Da es uns im wesentlichen um die Schätzung der Varianzkomponenten geht, sind die Schwierigkeiten bei der Bestimmung der Verteilungsgesetze der *SQ's* im nichtorthogonalen Fall für uns nicht von Bedeutung.

Für den nichtorthogonalen Fall werden auch Stichprobenvarianzen der geschätzten Varianzkomponenten angegeben.

3.1.1. Einfache Klassifikation, gleiche Besetzung der Unterklassen (orthogonaler Fall)

Gegeben seien p Stichproben jeweils der Länge n.

Nr. der Stichprobe	1	2	...	p
	y_{11}	y_{21}		y_{p1}
	y_{12}	y_{22}		y_{p2}
	.	.		.
	.	.		.
	.	.		.
	y_{1n}	y_{2n}		y_{pn}

Für die ν-te Beobachtung der i-ten Stichprobe wird folgendes Modell angenommen

$$y_{i\nu} = \mu + a_i + e_{i\nu} \quad (i = 1, 2, \ldots, p;\ \nu = 1, 2, \ldots, n), \tag{3.1.1}$$

μ — allgemeines Mittel (fester Effekt), und folgende Voraussetzungen:

(1): a_i $(i = 1, 2, \ldots, p)$ sind untereinander nichtkorrelierende zufällige Veränderliche mit dem Erwartungswert 0, d. h. $E(a_i) = 0$ und $E(a_i \cdot a_{i'}) = E(a_i) \cdot E(a_i') = 0$ und mit der Varianz σ_a^2, d. h. $V(a_i) = \sigma_a^2$ für alle i.

(2): $e_{i\nu}$ $(i = 1, 2, \ldots, p;\ \nu = 1, 2, \ldots, n)$ sind ebenfalls untereinander nichtkorrelierende zufällige Veränderliche mit dem Erwartungswert 0 und der Varianz $V(e_{i\nu}) = \sigma_e^2$ für alle i und ν.

(3): Die zufälligen Veränderlichen a_i und $e_{i\nu}$ seien außerdem untereinander nichtkorrelierend, d. h. $E(a_i \cdot e_{i\nu}) = 0$ für alle i und ν.

Unter diesen Voraussetzungen lassen sich erwartungstreue Schätzungen $\hat{\sigma}_a^2$ und $\hat{\sigma}_e^2$ der Varianzkomponenten σ_a^2 und σ_e^2 angeben. Es sei darauf hingewiesen, daß keine

Annahme über die Verteilung der in der Modellgleichung (3.1.1) vorkommenden zufälligen Veränderlichen zur Schätzung ihrer Varianzen notwendig ist. Sollen aber Konfidenzintervalle oder nur Stichprobenvarianzen der Schätzungen angegeben werden, dann ist die Annahme der Normalverteilung erforderlich bzw. zweckmäßig. In den meisten Fällen bedeutet die Annahme der Normalverteilung für die zufälligen Veränderlichen in (3.1.1) keine einschneidende Beschränkung.

Die zufälligen Veränderlichen $y_{i\nu}$ für ein festes i sind im Falle eines Modells II stochastisch abhängig, d. h., die Beobachtungsgrößen $y_{i\nu}$ und $y_{i\nu'}$ $(\nu \neq \nu')$ ein und derselben Stichprobe sind Realisierungen abhängiger Zufallsgrößen.

Das ist ein grundsätzlicher Unterschied zu den zufälligen Veränderlichen $y_{i\nu}$ eines Modells I, wo die Unabhängigkeit aller $y_{i\nu}$ eine wesentliche Voraussetzung war.

Wir brauchen nur nachzuweisen, daß

$$\operatorname{Cov}(y_{i\nu}, y_{i\nu'}) \neq 0 \qquad \text{für } \nu \neq \nu' , \tag{3.1.2}$$

$$\begin{aligned}
\operatorname{Cov}(y_{i\nu}, y_{i\nu'}) &\underset{\text{Def.}}{=} E\big(y_{i\nu} - E(y_{i\nu})\big)\big(y_{i\nu'} - E(y_{i\nu'})\big) \\
&= E(\mu + a_i + e_{i\nu} - \mu)(\mu + a_i + e_{i\nu'} - \mu) \\
&= E(a_i + e_{i\nu})(a_i + e_{i\nu'}) \\
&= E[a_i^2 + e_{i\nu} a_i + a_i e_{i\nu'} + e_{i\nu} e_{i\nu'}] \\
&= E(a_i^2) + E(e_{i\nu} a_i) + E(a_i e_{i\nu'}) + E(e_{i\nu} e_{i\nu'}) \\
&= \sigma_a^2 ,
\end{aligned}$$

da die drei weiteren Summanden auf der rechten Seite der Gleichung auf Grund der Voraussetzungen (2) und (3) Null sind. Weiter kann man leicht zeigen, daß zwei Beobachtungsgrößen aus verschiedenen Stichproben Realisierungen von nichtkorrelierenden zufälligen Veränderlichen sind, d. h.

$$\operatorname{Cov}(y_{i\nu}, y_{i'\nu'}) = 0 , \quad i \neq i', \quad \nu = \nu' \text{ möglich.} \tag{3.1.3}$$

Es ist

$$\begin{aligned}\operatorname{Cov}(y_{i\nu}, y_{i'\nu'}) &= E(y_{i\nu}-\mu)(y_{i'\nu'}-\mu)\\ &= E(\mu+a_i+e_{i\nu}-\mu)(\mu+a_{i'}+e_{i'\nu'}-\mu)\\ &= E(a_i+e_{i\nu})(a_{i'}+e_{i'\nu'})\\ &= E(a_i a_{i'}) + E(a_i e_{i'\nu'}) + E(e_{i\nu} a_{i'})\\ &\qquad + E(e_{i\nu} e_{i'\nu'}) = 0\end{aligned}$$

auf Grund der Voraussetzungen (1), (2) und (3).

Das Schätzen der Varianzkomponenten

Ausgehend von der Tabelle der Varianzanalyse für die einfache Klassifikation erhält man die Schätzungen $\hat{\sigma}_a^2$ und $\hat{\sigma}_e^2$ der Varianzkomponenten σ_a^2 und σ_e^2. Für die *SQ's* wird wieder die ursprüngliche Schreibweise gewählt (vgl. (2.1.10)).

3.1. *Tabelle 1*

Varianzanalyse für die einfache Klassifikation (orthogonaler Fall)

Quelle der Variation	SQ	FG	MQ
Faktor A bzw. zwischen den Klassen	$SQ_A = n\sum_{i=1}^{p}(y_{i\cdot}-y_{\cdot\cdot})^2$	$f_A = p-1$	$SQ_A/f_A = MQ_A$
Versuchsfehler bzw. innerhalb der Klassen	$SQ_R = \sum_{i=1}^{p}\sum_{\nu=1}^{n}(y_{i\nu}-y_{i\cdot})^2$	$f_R = N-p$	$SQ_R/f_R = MQ_R$

Es ist

$$y_{i\cdot} = \frac{1}{n}\sum_{\nu=1}^{n} y_{i\nu}, \quad y_{\cdot\cdot} = \frac{1}{np}\sum_{i=1}^{p}\sum_{\nu=1}^{n} y_{i\nu}, \quad N = n\,p.$$

SQ_{Total} ist für das weitere ohne Bedeutung und wird deshalb nicht mit aufgeführt.

Man bildet die Erwartungswerte der MQ's aus der Tabelle der Varianzanalyse und erhält daraus erwartungstreue Schätzungen der Varianzkomponenten σ_e^2 und σ_a^2.

Die Berechnung von $E(MQ_R)$:

$$E(MQ_R) = E(SQ_R/f_R) = \frac{1}{f_R} E(SQ_R) .$$

$$SQ_R = \sum_i \sum_\nu (y_{i\nu} - y_{i\cdot})^2$$

mit

$$y_{i\nu} = \mu + a_i + e_{i\nu} \qquad \text{und} \qquad y_{i\cdot} = \mu + a_i + e_{i\cdot} ,$$

wobei

$$e_{i\cdot} = \frac{1}{n} \sum_{\nu=1}^{n} e_{i\nu} .$$

Dann gilt

$$y_{i\nu} - y_{i\cdot} = e_{i\nu} - e_{i\cdot}$$

und somit

$$(y_{i\nu} - y_{i\cdot})^2 = (e_{i\nu} - e_{i\cdot})^2 = e_{i\nu}^2 - 2\, e_{i\nu}\, e_{i\cdot} + e_{i\cdot}^2 .$$

Da $E \sum_i \sum_\nu (y_{i\nu} - y_{i\cdot})^2 = \sum_i \sum_\nu E(y_{i\nu} - y_{i\cdot})^2$, so folgt

$$E(y_{i\nu} - y_{i\cdot})^2 = E(e_{i\nu}^2) - 2\,E(e_{i\nu}\, e_{i\cdot}) + E(e_{i\cdot}^2) .$$

Für die einzelnen Summanden gilt

$$E(e_{i\nu}^2) = \sigma_e^2 ,$$

$$E(e_{i\nu}\, e_{i\cdot}) = E\left(e_{i\nu} \frac{1}{n} \sum_\nu e_{i\nu}\right) = \frac{1}{n} \sigma_e^2 ,$$

$$E(e_{i\cdot}^2) = \frac{1}{n^2} E\left(\sum_\nu e_{i\nu}\right)^2 = \frac{1}{n^2}\, n\, \sigma_e^2 = \frac{1}{n} \sigma_e^2 .$$

Daraus ergibt sich

$$\sum_i \sum_\nu E\,(y_{i\nu} - y_{i\cdot})^2 = n\,p\,\sigma_e^2 - 2\,p\,\sigma_e^2 + p\,\sigma_e^2$$

$$= (n\,p - p)\,\sigma_e^2 , \text{ d. h.}$$

$$E(MQ_R) = \sigma_e^2, \text{ d. h.}$$

$$MQ_R = \hat{\sigma}_e^2 \tag{3.1.4}$$

ist eine erwartungstreue Schätzung für die Komponente σ_e^2.

Die Berechnung von $E(MQ_A)$:

$$E(MQ_A) = E(SQ_A/f_A) = \frac{1}{f_A} E(SQ_A) .$$

$$SQ_A = n \sum_i (y_{i\cdot} - y_{\cdot\cdot})^2 \text{ mit } y_{i\cdot} = \mu + a_i + e_{i\cdot}$$

und

$$y_{\cdot\cdot} = \mu + a_\cdot + e_{\cdot\cdot} ,$$

wobei

$$a_\cdot = \frac{1}{p} \sum_{i=1}^{p} a_i \qquad \text{und} \qquad e_{\cdot\cdot} = \frac{1}{np} \sum_i \sum_\nu e_{i\nu} .$$

Dann gilt also

$$y_{i\cdot} - y_{\cdot\cdot} = (a_i - a_\cdot) + (e_{i\cdot} - e_{\cdot\cdot})$$

und somit

$$(y_{i\cdot} - y_{\cdot\cdot})^2 = (a_i - a_\cdot)^2 + (e_{i\cdot} - e_{\cdot\cdot})^2 + 2\,(a_i - a_\cdot)(e_{i\cdot} - e_{\cdot\cdot})$$

$$E(y_{i\cdot} - y_{\cdot\cdot})^2 = E(a_i - a_\cdot)^2 + E(e_{i\cdot} - e_{\cdot\cdot})^2 + 0$$

lt. Vor. (3).

Es ist

$$E(a_i - a_\cdot)^2 = E(a_i^2) - 2\,E(a_i\, a_\cdot) + E(a_\cdot^2) = \sigma_a^2 - \frac{2}{p}\sigma_a^2 + \frac{1}{p}\sigma_a^2 = \frac{p-1}{p}\sigma_a^2$$

und

$$E(e_{i\cdot} - e_{\cdot\cdot})^2 = E(e_{i\cdot}^2) - 2\,E(e_{i\cdot}\, e_{\cdot\cdot})^2 + E(e_{\cdot\cdot}^2) = \frac{1}{n}\sigma_e^2 - \frac{2}{np}\sigma_e^2 + \frac{1}{np}\sigma_e^2 = \frac{p-1}{np}\sigma_e^2 .$$

Daraus folgt

$$E(y_{i\cdot} - y_{\cdot\cdot})^2 = \frac{(p-1)}{p}\left[\sigma_a^2 + \frac{1}{n}\sigma_e^2\right]$$

und somit

$$E(SQ_A) = n \sum_{i=1}^{p} E(y_{i\cdot} - y_{\cdot\cdot})^2 = n \sum_{i=1}^{p} \frac{(p-1)}{p}\left[\sigma_a^2 + \frac{1}{n}\sigma_e^2\right] = (p-1)\,(\sigma_e^2 + n\,\sigma_a^2) .$$

Folglich gilt

$$E(MQ_A) = \sigma_e^2 + n\,\sigma_a^2\,,$$

d. h. MQ_A *ist keine erwartungstreue Schätzung für* σ_a^2.

Es ist aber $E(MQ_R) = \sigma_e^2$ und somit

$$E(MQ_A) = E(MQ_R) + n\,\sigma_a^2\,,$$

$$E\left(\frac{MQ_A - MQ_R}{n}\right) = \sigma_a^2\,, \quad \text{d. h.}$$

$$\frac{MQ_A - MQ_R}{n} = \hat{\sigma}_a^2 \tag{3.1.5}$$

ist eine erwartungstreue Schätzung für σ_a^2.

Wir erweitern die Tabelle der Varianzanalyse um die Spalte $E(MQ)$:

3.1. *Tabelle 2*

SQ	FG	MQ	$E(MQ)$
SQ_A	f_A	MQ_A	$\sigma_e^2 + n\,\sigma_a^2$
SQ_R	f_R	MQ_R	σ_e^2

Dann erhält man aus dem Gleichungssystem

$$MQ_A = \hat{\sigma}_e^2 + n\,\hat{\sigma}_a^2\,,$$
$$MQ_R = \hat{\sigma}_e^2$$

die eben abgeleiteten Schätzungen

$$\boxed{\begin{aligned} \hat{\sigma}_e^2 &= MQ_R \\ \hat{\sigma}_a^2 &= \frac{MQ_A - MQ_R}{n} \end{aligned}} \tag{3.1.6}$$

Der Intraklasskorrelationskoeffizient

Der Intraklasskorrelationskoeffizient mißt die Korrelation zwischen zwei zufälligen Veränderlichen innerhalb derselben Klasse, d. h., er ist wie folgt definiert:

$$\varrho_{y_{i\nu}, y_{i\nu'}} = \frac{\operatorname{Cov}(y_{i\nu}, y_{i\nu'})}{\sqrt{\operatorname{Var}(y_{i\nu})}\,\sqrt{\operatorname{Var}(y_{i\nu'})}}\,.$$

Nach (3.1.2) folgt daraus

$$\varrho_{y_{i\nu}, y_{i\nu'}} = \frac{\sigma_a^2}{\sigma_e^2 + \sigma_a^2}.$$

Setzt man die Schätzungen der Varianzkomponenten dafür ein, so erhält man

$$\hat{\varrho}_{y_{i\nu}, y_{i\nu'}} = \frac{\hat{\sigma}_a^2}{\hat{\sigma}_e^2 + \hat{\sigma}_a^2},$$

$$\boxed{\hat{\varrho}_{y_{i\nu}, y_{i\nu'}} = \frac{M\,Q_A - M\,Q_R}{M\,Q_A + (n-1)\,M\,Q_R}} \qquad (3.1.7)$$

Beispiel

Bei zwölf Zwillingspaaren (♀) wurde die Anzahl der Fingerleisten an beiden Händen gemessen. Man hat also $p = 12$ Stichproben jeweils der Länge $n = 2$ ($i = 1, 2, \ldots, 12$; $\nu = 1, 2$). Die Meßwerte sind wie folgt gegeben:

3.1. *Tabelle 3*

Meßwerte von $p = 12$ Stichproben der Länge $n = 2$

i \ ν	y_{i1}	y_{i2}	$y_{i\cdot}$
1	71	71	71,0
2	79	82	80,5
3	105	99	102,0
4	115	114	114,5
5	76	70	73,0
6	83	82	82,5
7	114	113	113,5
8	57	44	50,5
9	114	113	113,5
10	94	91	92,5
11	75	83	79,0
12	76	72	74,0
			$y_{\cdot\cdot} = 87,2$

Daraus erhält man die folgende Tabelle der Varianzanalyse

3.1. *Tabelle 4*

SQ	FG	MQ
$SQ_A = 8990{,}46$	$f_A = 11$	$MQ_A = 817{,}3145$
$SQ_R = 171{,}50$	$f_R = 12$	$MQ_R = 14{,}2917$

Für die Varianzkomponenten erhält man die Schätzungen

$$\hat{\sigma}_e^2 = MQ_R = 14{,}2917\,,$$

$$\hat{\varrho}_a^2 = \frac{1}{n}(MQ_A - MQ_R) = 401{,}5114 \qquad (3.1.8)$$

und für den Intraklasskorrelationskoeffizienten nach (3.1.7) die Schätzung

$$\hat{\varrho} = 0{,}966\,,$$

d. h., zwischen den Zwillingen besteht bezüglich der Fingerleisten eine sehr starke Abhängigkeit.

Die Nullhypothese $H_0\colon \sigma_a^2 = 0$

Im Falle der einfachen Klassifikation kann es sich nur um eine Nullhypothese handeln, und zwar $H_0\colon \sigma_a^2 = 0$, d. h., wir wollen prüfen, ob die verschiedenen Stichproben eine Komponente zur Gesamtvariabilität beitragen.

MQ_A ist eine Schätzung für $\sigma_e^2 + n\,\sigma_a^2$ und folgt einer $(\sigma_e^2 + n\,\sigma\ )\,\chi^2(f_A)/f_A$-Verteilung. Demzufolge ist $MQ_A/(\sigma_e^2 + n\,\sigma_a^2)$ eine zufällige Veränderliche mit einer $\chi^2(f_A)/f_A$-Verteilung. Entsprechend ist MQ_R/σ_e^2 eine zufällige Veränderliche mit einer $\chi^2(f_R)/f_R$-Verteilung. Bei Gültigkeit der Hypothese $H_0\colon \sigma_a^2 = 0$ folgt die zufällige Veränderliche

$$\frac{\chi^2(f_A)/f_A}{\chi^2(f_R)/f_R} = \frac{MQ_A}{MQ_R}\cdot\frac{\sigma_e^2}{\sigma_e^2 + n\,\sigma_a^2} = \frac{MQ_A}{MQ_R}$$

einer F-Verteilung mit $f_1 = f_A = p - 1$ und $f_2 = f_R = p\,(n-1)$ Freiheitsgraden.

Wenn bei vorgegebener Irrtumswahrscheinlichkeit α

$$\frac{MQ_A}{MQ_R} < F_\alpha(f_A, f_R)\,, \tag{3.1.9}$$

dann wird H_0 angenommen, wenn

$$\frac{MQ_A}{MQ_R} > F_\alpha(f_A, f_R)\,, \tag{3.1.10}$$

dann wird H_0 abgelehnt.

In unserem Beispiel sei $\alpha = 0{,}05$. Dann erhält man (siehe z. B. E. WEBER, Tafel 6 und 7)

$$F_\alpha(f_A, f_R) = F_{0,05}\,(11{,}12) = 2{,}72\,.$$

Da $MQ_A/MQ_R = 57{,}19$, so erfolgt nach (3.1.10) die Ablehnung von H_0.

Konfidenzintervalle für den Mittelwert μ, für σ_e^2 und σ_a^2/σ_e^2

Ausgehend von der Modellgleichung

$$y_{i\nu} = \mu + a_i + e_{i\nu}$$
$$(i = 1, 2, \ldots, p;\; \nu = 1, 2, \ldots, n)$$

ist jetzt die Voraussetzung der Normalität für die zufälligen Veränderlichen a_i und $e_{i\nu}$ unbedingt erforderlich. Wir wollen das kurz so formulieren

$$a_i \ldots N(O, \sigma_a^2)$$
$$e_{i\nu} \ldots N(O, \sigma_e^2)\,.$$

a_i und $e_{i\nu}$ sind unabhängig.

Konfidenzintervall für μ

Der Parameter μ wird durch $y_{..}$ geschätzt. Es ist
$y_{..} = \mu + a_. + e_{..}$ mit $a_. = \frac{1}{p}\sum_i a_i$ und $e_{..} = \frac{1}{pn}\sum_i\sum_\nu e_{i\nu}$.
Somit ist auch $y_{..}$ wieder normalverteilt und $E(y_{..}) = \mu$. Man ermittelt leicht, daß

$$V(y_{..}) = \frac{\sigma_e^2 + n\,\sigma_a^2}{p\,n}$$

und demzufolge ist

$$\frac{y_{\cdot\cdot} - E(y_{\cdot\cdot})}{\sqrt{V(y_{\cdot\cdot})}} = \frac{y_{\cdot\cdot} - \mu}{\sqrt{(\sigma_e^2 + n\,\sigma_a^2)/p\,n}}$$

normalverteilt mit dem Erwartungswert 0 und der Varianz 1. Wenn man jetzt $\sigma_e^2 + n\,\sigma_a^2$ durch seinen Schätzwert $M\,Q_A$ ersetzt, der auf $p - 1$ Freiheitsgraden beruht, so ist

$$\frac{y_{\cdot\cdot} - \mu}{\sqrt{M\,Q_A/p\,n}} = t\,(p-1)\,,$$

d. h., folgt einer t-Verteilung mit $p - 1$ Freiheitsgraden. Dann erhält man zum Konfidenzniveau $(1 - \alpha) \cdot 100\%$ bei Vorgabe einer Irrtumswahrscheinlichkeit α für den Mittelwert μ das Konfidenzintervall

$$\boxed{y_{\cdot\cdot} - t_\alpha\,(p-1)\sqrt{M\,Q_A/p\,n} < \mu < y_{\cdot\cdot} + t_\alpha\,(p-1)\sqrt{M\,Q_A/p\,n}\,.} \tag{3.1.11}$$

In unserem Beispiel gilt: $y_{\cdot\cdot} = 87{,}2$; $t_\alpha\,(p-1) = t_{0,05}(11) = 2{,}20$ (siehe E. Weber, Tafel 5, zweiseitige Fragestellung), $M\,Q_A/p\,n = 34{,}05$ und somit nach (3.1.11)

$$74{,}44 < \mu < 99{,}96\,.$$

Konfidenzintervall für σ_e^2

Für die Varianzkomponente σ_e^2 bereitet es keine Schwierigkeiten, ein Konfidenzintervall anzugeben. $M\,Q_R$ ist $\sigma_e^2\,\chi^2(f_R)/f_R$-verteilt und folglich ist $M\,Q_R \cdot f_R/\sigma_e^2$ eine $\chi^2(f_R)$ zufällige Veränderliche. Gibt man zwei Wahrscheinlichkeiten P_1 und P_2 vor ($P_2 > P_1$), so gilt $P\big(\chi_{P_1}(f) < \chi^2(f) < \chi^2_{P_2}(f)\big) = P_2 - P_1$. Setzt man für $\chi^2(f)$ den Wert $M\,Q_R \cdot f_R/\sigma_e^2$ ein, so erhält man (für $f = f_R$)

$$P\left\{\chi^2_{P_1}(f_R) < \frac{M\,Q_R \cdot f_R}{\sigma_e^2} < \chi^2_{P_2}(f_R)\right\} = P_2 - P_1$$

und daraus nach Umformung ein Konfidenzintervall

für σ_e^2 zum Konfidenzniveau $(P_2 - P_1) \cdot 100\%$

$$\boxed{\frac{MQ_R \cdot f_R}{\chi^2_{P_2}(f_R)} < \sigma_e^2 < \frac{MQ_R \cdot f_R}{\chi^2_{P_1}(f_R)}\,.} \tag{3.1.12}$$

In unserem Beispiel möchten wir für σ_e^2 ein Intervall zum Konfidenzniveau 90%, d. h., wir wählen $P_2 = 0{,}95$ und $P_1 = 0{,}05$. Es ist $f_R = p\,(n-1) = 12$; $\chi^2_{P_2}(f_R) = \chi^2_{0,95}(12) = 21{,}0$ (siehe E. Weber, Tafel 4) $\chi^2_{P_1}(f_R) = \chi^2_{0,05}(12) = 5{,}23$. (Es ist zu beachten, daß dem Wert P_2 bei E. Weber der Wert $1-\alpha_2$ und dem Wert P_1 der Wert $1-\alpha_1$ entspricht.)

Somit erhält man in unserem Beispiel nach (3.1.12) das folgende Konfidenzintervall für σ_e^2 zum Konfidenzniveau 90%:

$$8{,}16 < \sigma_e^2 < 32{,}8$$

bzw. für die Streuung

$$2{,}85 < \sigma_e < 5{,}73$$

Konfidenzintervalle für σ_a^2 sind schon für den orthogonalen Fall um vieles komplizierter als für σ_e^2 und bisher sind nur mehr oder weniger gute Approximationen bekannt. Sie beruhen auf der Annahme der Normalverteilung der Schätzung $\hat{\sigma}_a^2$ und sind daher nur für große Stichproben brauchbar. Eine bessere Approximation, die auf dem sogenannten Fiducialschluß beruht gibt Bross (1950) an (siehe auch Scheffé (1958) und Brownlee (1960)). Wir beschränken uns daher nur auf die Ableitung der Stichprobenvarianzen und Standardfehler der Schätzung $\hat{\sigma}_a^2$, die für die Approximationen notwendig sind und geben sie im nächsten Abschnitt an.

Konfidenzintervalle für den Quotienten σ_a^2/σ_e^2

sind exakt anzugeben. Man kann sie in folgender Weise herleiten. Es seien S_1^2 und S_2^2 Schätzungen mit f_1 und f_2 Freiheitsgraden für die Varianzen σ_1^2 und σ_2^2. Da S_1^2 eine $\sigma_1^2\,\chi^2(f_1)/f_1$-Verteilung und S_2^2 eine $\sigma_2^2\,\chi^2(f_2)/f_2$-Verteilung besitzt, so ist $\frac{S_1^2}{S_2^2}$ eine $\frac{\sigma_1^2}{\sigma_2^2}$ $F(f_1, f_2)$-verteilte zufällige Veränderliche. Geben wir wieder zwei Wahrscheinlichkeiten P_1 und P_2 vor $(P_2 > P_1)$, so gilt

$$P\{F_{P_1} < F < F_{P_2}\} = P_2 - P_1 .$$

Setzen wir für F unsere zufällige Veränderliche $\frac{S_1^2}{S_2^2}$ ein, so gilt

$$P\left\{\frac{\sigma_1^2}{\sigma_2^2} F_{P_1}(f_1, f_2) < \frac{S_1^2}{S_2^2} < \frac{\sigma_1^2}{\sigma_2^2} F_{P_2}(f_1, f_2)\right\} = P_2 - P_1 .$$

Geht man innerhalb der Klammer zum Reziproken über, multipliziert mit $\frac{\sigma_1^2}{\sigma_2^2} \cdot \frac{S_1^2}{S_2^2}$ und berücksichtigt die Beziehung $F_P(f_1, f_2) = \frac{1}{F_{1-P}(f_2, f_1)}$ so erhält man

$$P\left\{\frac{S_1^2}{S_2^2} \frac{1}{F_{P_2}(f_1, f_2)} < \frac{\sigma_2^2}{\sigma_1^2} < \frac{S_1^2}{S_2^2} F_{1-P_1}(f_2, f_1)\right\} = P_2 - P_1 . \tag{3.1.13}$$

Das wird auf unseren Fall übertragen. Es ist $S_1^2 = M\,Q_A$ eine Schätzung für $\sigma_e^2 + n\,\sigma_a^2$ mit $f_1 = (p-1)$ Freiheitsgraden. $S_2^2 = M\,Q_R$ ist eine Schätzung für σ_e^2 mit $f_2 = p\,(n-1)$ Freiheitsgraden. Setzt man diese Größen in (3.1.13) ein, so erhält man

$$P\left\{\frac{M\,Q_A}{M\,Q_R} \frac{1}{F_{P_2}((p-1); p\,(n-1))} < \frac{\sigma_e^2 + n\,\sigma_a^2}{\sigma_e^2} < \frac{M\,Q_A}{M\,Q_R} F_{1-P_1}(p\,(n-1);\ (p-1))\right\} = P_2 - P_1 .$$

Unter Berücksichtigung von $(\sigma_e^2 + n\,\sigma_a^2)/\sigma_e^2 = 1 + n\,\sigma_a^2/\sigma_e^2$ erhält man ein Konfidenzintervall für den Quotienten σ_a^2/σ_e^2 zum Konfidenzniveau $(P_2 - P_1) \cdot 100\%$:

$$\boxed{\frac{1}{n}\left(\frac{M\,Q_A}{M\,Q_R} \cdot \frac{1}{(F_{P_2}(p-1); p\,(n-1))} - 1\right) < \frac{\sigma_a^2}{\sigma_e^2} < \frac{1}{n}\left(\frac{M\,Q_A}{M\,Q_R} F_{1-P_1}(p\,(n-1);\ (p-1)) - 1\right) .} \tag{3.1.14}$$

In unserem Beispiel betrachten wir wieder ein Konfidenzintervall mit dem Konfidenzniveau 90%, d. h., wir wählen $P_2 = 0{,}95$ und $P_1 = 0{,}05$.

Es ist $1/F_{P_2}\big((p-1);\ p(n-1)\big) = 1/F_{0,95}(11;12)$; dem Tafelwert für P_2 entspricht bei E. WEBER, Tafel 6, der Tafelwert $1 - P_2$, also $1/F_{0,05}(11, 12) = 1/2{,}72 = 0{,}36$. Entsprechend ist $F_{1-P_1}\big(p\,(n-1);\,(p-1)\big) = F_{0,05}(12,\ 11)$, dem bei E. WEBER der Tafelwert von $F_{0,05}(12, 11)$ entspricht, also 2,79. Daraus erhält man nach (3.1.14) das Konfidenzintervall

$$9{,}79 < \frac{\sigma_a^2}{\sigma_e^2} < 79{,}28\,.$$

Radiziert man diese Ungleichungen, so folgt

$$3{,}13 < \frac{\sigma_a}{\sigma_e} < 8{,}91\,.$$

Alle diese Betrachtungen gelten nur für den orthogonalen Fall.

Für den nichtorthogonalen Fall sind noch nicht einmal exakte Konfidenzgrenzen für den Mittelwert μ bekannt. Wir werden für den nichtorthogonalen Fall nur die Stichprobenvarianzen der geschätzten Varianzkomponenten angeben und verweisen den an Approximationen für Konfidenzintervalle interessierten Leser auf die schon im Text angegebene Literatur.

3.1.2. Stichprobenvarianzen der geschätzten Varianzkomponenten

Für die Schätzung σ_e^2 kann man eine exakte Varianz berechnen. Da $\sigma_e^2 = M\,Q_R$ und $M\,Q_R$ einer $\sigma_e^2\,\chi^2(f_R)/f_R$-Verteilung folgt, so erhält man $V(\hat{\sigma}_e^2) = \dfrac{2(\sigma_e^2)^2}{f_R}$. Setzt man für $(\sigma_e^2)^2$ die erwartungstreue Schätzung $(\hat{\sigma}_e^2)^2 - V(\hat{\sigma}_e^2)$ ein, so ist

$$\hat{V}(\hat{\sigma}_e^2) = \frac{2(\hat{\sigma}_e^2)^2}{f_R + 2}\,. \tag{3.1.15}$$

Für die Stichprobenvarianz von σ_a^2 existiert eine Approximation (siehe u. a. BROWNLEE (1960)):

$$\hat{V}(\hat{\sigma}_a^2) = \frac{2}{n^2}\left[\frac{(M\,Q_A)^2}{p-1} + \frac{(M\,Q_R)^2}{p\,(n-1)}\right]. \qquad (3.1.16)$$

Sie ist aber nur für große p vertretbar, und ergibt für kleine p starke Abweichungen, die noch verstärkt werden, da die Tatsache unberücksichtigt bleibt, daß $(\hat{\sigma}_a^2)^2$ keine erwartungstreue Schätzung für $(\sigma_a^2)^2$ ist.

Unabhängig davon, ob gleiche oder ungleiche Klassenbesetzung vorliegt, kann man für beliebige r-fache hierarchische Klassifikationen Stichprobenvarianzen für geschätzte Varianzkomponenten angeben (siehe H. AHRENS (1965)). Die einfache Klassifikation ist formal eine 1-fache hierarchische Klassifikation, also $r = 1$.

Der hier betrachtete Fall der gleichen Besetzung (orthogonaler Fall) kann als Spezialfall der ungleichen Besetzung (nichtorthogonaler Fall) angesehen werden, d. h. $n_i = n$ alle $i = 1, 2, \ldots, p$. Dann erhält man folgende Stichprobenvarianzen $\hat{V}(\hat{\sigma}_a^2)$ und $\hat{V}(\hat{\sigma}_e^2)$:

$$\hat{V}(\hat{\sigma}_a^2) = \frac{2}{p+1}\,(\hat{\sigma}_a^2)^2 + \frac{2\,N+6}{n^2\,(p+1)\,(N-p)}\,(\hat{\sigma}_e^2)^2 + \frac{4}{n(p+1)}\,\hat{\sigma}_a^2\,\hat{\sigma}_e^2\,, \qquad (3.1.17)$$

$$\hat{V}(\hat{\sigma}_e^2) = \frac{2}{N-p+2}\,(\hat{\sigma}_e^2)^2\,. \qquad (3.1.18)$$

Für $\hat{\sigma}_e^2$ stimmen die Varianzen wie erwartet überein denn es ist in (3.1.15) $f_R = N - p$.

Für unser Zahlenbeispiel erhält man nach (3.1.17) (es ist $p = 12$, $N = 24$, $n = 2$, $\hat{\sigma}_e^2$ und $\hat{\sigma}_a^2$ siehe (3.1.8))

$$\hat{V}(\hat{\sigma}_a^2) = 25693{,}12$$

und nach (3.1.18)

$$\hat{V}(\hat{\sigma}_e^2) = 29{,}17$$

und somit

$$\hat{\sigma}_a^2 \pm \sqrt{\hat{V}(\hat{\sigma}_a^2)} = 401{,}51 \pm 160{,}3\,,$$

$$\hat{\sigma}_e^2 \pm \sqrt{\hat{V}(\hat{\sigma}_e^2)} = 14{,}29 \pm 5{,}4\,.$$

Nimmt man die Approximation (3.1.16), so erhält man

$$\hat{V}(\hat{\sigma}_a^2) = 30371{,}94$$

und damit

$$\hat{\sigma}_a^2 \pm \sqrt{\hat{V}(\hat{\sigma}_a^2)} = 401{,}51 \pm 174{,}3\,.$$

3.1.3. Einfache Klassifikation, ungleiche Besetzung der Unterklassen (nichtorthogonaler Fall)

Gegeben seien p Stichproben ungleicher Länge n_i $(i = 1, 2, \ldots, p)$.

Nr. der Stichprobe	1	2 . . .	p
	y_{11}	y_{21}	y_{p1}
	y_{12}	y_{22}	y_{p2}
	.	.	.
	.	.	.
	.	.	.
	y_{1n_1}	y_{2n_2}	y_{pn_p}

Für die ν-te Beobachtung der i-ten Stichprobe gelte wieder die Modellgleichung

$$y_{i\nu} = \mu + a_i + e_{i\nu} \quad (i = 1, 2, \ldots, p;\ \nu = 1, 2, \ldots, n_i)$$

mit denselben Annahmen für μ, a_i und $e_{i\nu}$ wie im balanzierten Fall (siehe 3.1.1). Auch die Formeln (3.1.2) und (3.1.3) gelten in diesem Fall.

Das Schätzen der Varianzkomponenten

Wir gehen wieder von der Tabelle der Varianzanalyse der einfachen Klassifikation aus.

3.1. *Tabelle 5*

Varianzanalyse für die einfache Klassifikation (nichtorthogonaler Fall)

Quelle der Variation	SQ	FG	MQ
Faktor A bzw. zwischen den Klassen	$SQ_A = \sum_{i=1}^{p} n_i (y_{i\cdot} - y_{\cdot\cdot})^2$	$f_A = p - 1$	$SQ_A/f_A = MQ_A$
Versuchsfehler bzw. innerhalb der Klassen	$SQ = \sum_{i=1}^{p} \sum_{\nu=1}^{n_i} (y_{i\nu} - y_{i\cdot})^2$	$f_R = \sum_{i=1}^{p} n_i - p$	$SQ_R/f_R = MQ_R$

Es ist

$$y_{i\cdot} = \frac{1}{n_i} \sum_{\nu=1}^{n_i} y_{i\nu}\,, \quad y_{\cdot\cdot} = \frac{1}{N} \sum_{i=1}^{p} \sum_{\nu=1}^{n_i} y_{i\nu}\,, \quad N = \sum_{i=1}^{p} n_i\,.$$

SQ_{Total} ist wieder für das weitere ohne Interesse und wird daher nicht berücksichtigt.

Die erwartungstreuen Schätzungen $\hat{\sigma}_a^2$ und $\hat{\sigma}_e^2$ der Varianzkomponenten σ_a^2 und σ_e^2 erhält man wieder, wenn man die Erwartungswerte von MQ_A und MQ_R bildet. Wir erweitern die Tabelle der Varianzanalyse um die Spalte $E(MQ)$ und erhalten

3.1. *Tabelle 6*

SQ	FG	MQ	$E(MQ)$
SQ_A	f_A	MQ_A	$\sigma_e^2 + k\,\sigma_a^2$
SQ_R	f_R	MQ_R	σ_e^2

$$k = \frac{1}{p-1}\left(N - \frac{1}{N}\sum_{i=1}^{p} n_i^2\right).$$

Die Lösung des Gleichungssystems

$$M\,Q_A = \hat{\sigma}_e^2 + k\,\hat{\sigma}_a^2\,,$$
$$M\,Q_R = \hat{\sigma}_e^2$$

ergibt dann die Schätzungen

$$\boxed{\begin{aligned}\hat{\sigma}_e^2 &= M\,Q_R\,,\\ \sigma_a^2 &= \frac{1}{k}\,(M\,Q_A - M\,Q_R)\end{aligned}} \qquad (3.1.19)$$

mit

$$k = \frac{1}{p-1}\left(N - \frac{1}{N}\sum_{i=1}^{p} n_i^2\right).$$

Der Interklasskorrelationskoeffizient

Nach (3.1.2) erhält man für den Interklasskorrelationskoeffizienten

$$\varrho_{y_{i\nu}\,,\;y_{i\nu'}} = \frac{\sigma_a^2}{\sigma_e^2 + \sigma_a^2}\,.$$

Setzt man dafür die Schätzungen (3.1.19) ein, so erhält man

$$\hat{\varrho} = \frac{\hat{\sigma}_a^2}{\hat{\sigma}_e^2 + \hat{\sigma}_a^2} = \frac{M\,Q_A - M\,Q_R}{M\,Q_A + (k-1)\,M\,Q_R}\,. \qquad (3.1.24)$$

Beispiel

Wir betrachten wieder das Beispiel über die Anzahl der Fingerleisten bei Zwillingen (siehe 3.1.3) mit dem Unterschied, daß jetzt einige Beobachtungen fehlen mögen, es wird dann eine einfache Klassifikation mit ungleicher Besetzung. Daraus ergibt sich die folgende Tabelle der Varianzanalyse, (Tab. 7 u. 8 s. S. 111).

Es ist $N = 19$ und $\sum_{i=1}^{p} n_i^2 = 33$ und somit $k = 1{,}57$. Nach (3.1.19) erhält man die Schätzungen

$$\hat{\sigma}_e^2 = 18{,}1\,,$$
$$\hat{\sigma}_a^2 = 406{,}8$$

3.1. *Tabelle 7*

Meßwerte von $p = 12$ Stichproben verschiedener Länge

$i \backslash \nu$	y_{i1}	y_{i2}	n_i	$y_{i\cdot}$
1	71	71	2	71,0
2	79	82	2	80,5
3	105	—	1	105,0
4	115	114	2	114,5
5	—	70	1	70,0
6	83	82	2	82,5
7	114	—	1	114,0
8	57	44	2	50,5
9	114	—	1	114,0
10	94	91	2	92,5
11	75	83	2	79,0
12	—	72	1	72,0
				$y_{\cdot\cdot} = 85{,}05$

3.1. *Tabelle 8*

SQ	FG	MQ
$SQ_A = 7226{,}4$	$f_A = 11$	$MQ_A = 656{,}9$
$SQ_R = 126{,}5$	$f_R = 7$	$MQ_R = 18{,}1$

und für den Interklasskorrelationskoeffizienten nach (3.1.24)

$$\hat{\varrho} = 0{,}957\,.$$

Eine Vergrößerung der Varianzkomponenten war zu erwarten, da gegenüber dem orthogonalen Fall einige Beobachtungen gestrichen worden sind.

3.1.4. Matrizenverfahren zur Schätzung von Varianzkomponenten bei der einfachen Klassifikation (nichtorthogonaler Fall)

Die Berechnung von $E(MQ_A)$ wird bei nichtorthogonalen Versuchsanlagen immer umfangreicher und unübersichtlicher, je höher die Klassifizierungsstufe ist. Es erweist sich als zweckmäßig, die von JAMES (1957) definierten Beziehungsmatrizen zu verwenden, um die umfangreichen Berechnungen abzukürzen (siehe auch S. R. SEARLE (1961) und H. AHRENS (1962)).

Der Leser, der nur am Ergebnis interessiert ist, kann diesen Abschnitt weglassen. Er wurde nur deshalb aufgenommen, um am Beispiel der einfachen Klassifikation (nichtorthogonaler Fall) ein Verfahren zu erläutern, das in zweifacher Hinsicht verallgemeinerungsfähig ist. Einmal ist es auf beliebige nichtorthogonale r-stufige hierarchische Klassifikationen (und auch auf Kreuzklassifikationen) anwendbar, und ermöglicht in einfacher Weise die Berechnung von Erwartungswerten der SQ in der Tabelle der Varianzanalyse. Zum anderen kann man mit diesem Verfahren auch Varianzen und höhere Momente von den SQ's aus der Tabelle der Varianzanalyse berechnen und kommt somit zur Ermittlung von Stichprobenvarianzen geschätzter Varianzkomponenten (siehe Abs. 3.1.2 für den orthogonalen Fall).

Wir betrachten die N Beobachtungen $y_{11}, y_{12}, \ldots, y_{1n_1}, \ldots, y_{pn_p}$, die wir jede mit jeder zueinander in Beziehung setzen. Auf diese Weise erhält man die zwei folgenden quadratischen und symmetrischen Matrizen $\mathbf{A}$ und $\mathbf{G}$ vom Typ (N, N). Die Elemente a_{kl} der Matrix $\mathbf{A}$ sind wie folgt definiert:

$$a_{kl} = \begin{cases} 1, & \text{wenn } y_{k\nu} \text{ und } y_{l\mu} \text{ derselben Stichprobe angehören,} \\ 0 & \text{sonst.} \end{cases}$$

Die Elemente h_{kl} der Matrix $\mathbf{G}$ sind wie folgt definiert:

$$h_{kl} = \begin{cases} 1, & \text{wenn } y_{k\nu} \text{ und } y_{l\mu} \text{ demselben Versuchsplan angehören,} \\ 0 & \text{sonst.} \end{cases}$$

Daraus geht hervor, daß die Matrix $\mathbf{G}$ nur aus Einsen besteht und die Matrix $\mathbf{A}$ sich aus Untermatrizen zusammensetzt, wo die Untermatrizen in der Hauptdiagonale aus lauter Einsen bestehen und alle übrigen

Untermatrizen die Nullmatrizen sind. Hinzu nehmen wir die Einheitsmatrix $\mathbf{I}$ vom Typ (N, N).

Es ist zweckmäßig, die Matrizen $\mathbf{A}$ und $\mathbf{G}$ durch ihre Untermatrizen zu definieren, aus denen sie sich zusammensetzen. Dadurch kann man den Matrizenkalkül in übersichtlicher Form anwenden.

Es sei $g_{(n_i, n_l)} \underset{\text{Def}}{=} g_{(i,l)}$ eine Matrix aus lauter Einsen vom Typ (n_i, n_l). Dann setzen sich die Matrizen $\mathbf{A}$ und $\mathbf{G}$ in folgender Weise aus den Untermatrizen $g_{(i,l)}$ zusammen.

$$\begin{matrix} \mathbf{A}: & \delta_{il}\, g_{(i,l)} \\ \mathbf{G}: & g_{(i,l)} \end{matrix} \qquad (i, l = 1, 2, \ldots, p) \qquad (3.1.20)$$

$$\left(\delta_{il} \text{ ist das Kroneckersymbol: } \delta_{il} = \begin{cases} 1 & \text{für } i = l \\ 0 & \text{für } i \neq l \end{cases}\right).$$

Wir definieren noch die folgenden Matrizen:

$$\begin{matrix} \widetilde{\mathbf{A}}: & \delta_{il} \dfrac{1}{n_i}\, g_{(i,l)} \\ \widetilde{\mathbf{G}}: & \dfrac{1}{N}\, g_{(i,l)} \end{matrix} \qquad (i, l = 1, 2, \ldots, p), \qquad (3.1.21)$$

d. h.

$$\widetilde{\mathbf{G}} = \frac{1}{N}\mathbf{G}.$$

Die Multiplikation der Matrizen $\mathbf{A}$, $\widetilde{\mathbf{A}}$, $\mathbf{G}$ und $\widetilde{\mathbf{G}}$ miteinander reduziert sich auf die Multiplikation ihrer Untermatrizen, die sich in sehr einfacher Weise durchführen läßt. Es ist z. B.

$$g_{(i,l')} \cdot g_{(l',l)} = n_{l'} \cdot g_{(i,l)}. \qquad (3.1.22)$$

Wenn man die Beobachtungen $y_{i\nu}$ zu einem Kolonnenvektor $\boldsymbol{y} = (y_{11}, y_{12}, \ldots, y_{1n_1}, \ldots, y_{pn_p})'$ ordnet, so kann man mit Hilfe der oben definierten Matrizen die $SQ's$ in der Tabelle der Varianzanalyse als quadratische Formen in den $y_{i\nu}$ schreiben (Tab. 9 s. S. 114).

Da im Falle eines Modells II die $y_{i\nu}$ innerhalb derselben Stichprobe miteinander korrelieren, ergibt sich

3.1. *Tabelle 9*

Varianzanalyse der einfachen Klassifikation in Matrizenschreibweise

SQ	FG
$SQ_A = \mathbf{y}' (\widetilde{\mathbf{A}} - \widetilde{\mathbf{G}})\, \mathbf{y}$	$f_A = p - 1$
$SQ_R = \mathbf{y}' (\mathbf{I} - \widetilde{\mathbf{A}})\, \mathbf{y}$	$f_R = \sum_{i=1}^{p} n_i - p$

für den Vektor $\mathbf{y}$ der Beobachtungsgrößen eine Kovarianzmatrix $\mathbf{V}$. Die Struktur der Matrix $\mathbf{V}$ ist durch folgende Zerlegungsformel gegeben (siehe H. AHRENS (1965))

$$\mathbf{V} = \sigma_e^2\, \mathbf{I} + \sigma_a^2\, \mathbf{A}\,. \tag{3.1.23}$$

Über die Berechnung von Momenten (Erwartungswerte, Varianzen, usw.) quadratischer Formen gibt folgender bekannte Satz Auskunft:

Es sei $\mathbf{y}$ *ein n-dimensionaler normalverteilter zufälliger Vektor mit dem Erwartungswertvektor* $\mathbf{0}$ *und der Kovarianzmatrix* $\mathbf{V}$, *dann gilt für die s-te Kumulante* K_s *einer quadratischen Form* $\mathbf{y}'\,\mathbf{Q}\,\mathbf{y}$ *die Formel*

$$K_s = 2^{s-1}\,(s-1)!\ \mathrm{Sp}\,(\mathbf{V}\,\mathbf{Q})^s\,. \tag{3.1.24}$$

$\left(\text{Sp ist der Spurenoperator, d. h. } \mathrm{Sp}\,\mathbf{A} = \sum_{i=1}^{n} a_{ii}.\right)$

Alle Voraussetzungen dieses Satzes treffen auf die hier betrachteten Modelle der Varianzanalyse zu, wenn wir noch die Normalverteilung unserer zufälligen Veränderlichen y_i annehmen. (Daß in unseren Modellen der Erwartungswert von $\mathbf{y}$ gleich einer Konstanten μ angenommen wird, beeinträchtigt nicht den Gültigkeitsbereich dieses Satzes, da durch eine geeignete Transformation die Voraussetzung erfüllt werden kann.)

Für $s = 1$ erhält man aus Formel (3.1.24) den Erwartungswert einer quadratischen Form, was wir gerade zum Schätzen der Varianzkomponenten brauchen.

Berechnung von $E(MQ_A) = \frac{1}{f_A} E(SQ_A)$:

$SQ_A = \mathbf{y}' (\tilde{\mathbf{A}} - \tilde{\mathbf{G}})\, \mathbf{y}$, dann folgt aus (3.1.24) für $s = 1$ und $\mathbf{Q} = \tilde{\mathbf{A}} - \tilde{\mathbf{G}}$

$$K_1 = E(SQ_A) = \mathrm{Sp}\,[\mathbf{V}\,(\tilde{\mathbf{A}} - \tilde{\mathbf{G}})]\,.$$

Da $\mathbf{V} = \sigma_e^2\,\mathbf{I} + \sigma_a^2\,\mathbf{A}$, so gilt

$$\begin{aligned} E(SQ_A) &= \mathrm{Sp}\,[(\sigma_e^2\,\mathbf{I} + \sigma_a^2\,\mathbf{A})\,(\tilde{\mathbf{A}} - \tilde{\mathbf{G}})] \\ &= \sigma_e^2\,\mathrm{Sp}\,\tilde{\mathbf{A}} - \sigma_e^2\,\mathrm{Sp}\,\tilde{\mathbf{G}} + \sigma_a^2\,\mathrm{Sp}\,\mathbf{A}\,\tilde{\mathbf{A}} - \sigma_a^2\,\mathrm{Sp}\,\tilde{\mathbf{A}}\,\mathbf{G}\,. \end{aligned}$$

Auf Grund der bekannten Struktur von $\tilde{\mathbf{A}}$ und $\tilde{\mathbf{G}}$ erhält man $\mathrm{Sp}\,\tilde{\mathbf{A}} = p$ und $\mathrm{Sp}\,\tilde{\mathbf{G}} = 1$. Aus den Regeln der Matrizenmultiplikation erhält man $\mathbf{A}\,\tilde{\mathbf{A}} = \mathbf{A}$ und somit

$$\mathrm{Sp}\,\mathbf{A}\,\tilde{\mathbf{A}} = \mathrm{Sp}\,\mathbf{A} = \sum_{i=1}^{p} n_i = N\,.$$

Das Produkt $\mathbf{A}\,\tilde{\mathbf{G}}$ setzt sich aus folgenden Untermatrizen zusammen:

$$\mathbf{A}\,\tilde{\mathbf{G}}\colon\ \sum_{l'} \delta_{il'}\,\mathbf{g}_{(i,l')}\,\mathbf{g}_{(l',l)}\,\frac{1}{N} = \frac{1}{N}\,n_i\,\mathbf{g}_{(i,l)}\,.$$

Folglich erhält man

$$\mathrm{Sp}\,\mathbf{A}\,\tilde{\mathbf{G}} = \frac{1}{N}\sum_{i=1}^{p} n_i\,\mathrm{Sp}\,\mathbf{g}_{(i,l)} = \frac{1}{N}\sum_{i=1}^{p} n_i^2\,.$$

Das ergibt den Erwartungswert von SQ_A:

$$E(SQ_A) = \mathrm{Sp}\,[\mathbf{V}\,(\tilde{\mathbf{A}} - \tilde{\mathbf{G}})] = \sigma_e^2\,(p-1) + \sigma_a^2\left(N - \frac{1}{N}\sum_{i=1}^{p} n_i^2\right)$$

und somit

$$E(MQ_A) = \frac{1}{p-1}\,E(SQ_A) = \sigma_e^2 + k\,\sigma_a^2$$

mit

$$k = \frac{1}{p-1}\left(N - \frac{1}{N}\sum_{i=1}^{p} n_i^2\right).$$

Die Berechnung von $E(M\,Q_R)$ kann man in sehr einfacher Weise durchführen:

$$E(M\,Q_R) = \frac{1}{f_R} E(S\,Q_R) = \frac{1}{f_R} \operatorname{Sp}[\mathbf{V}(\mathbf{I} - \widetilde{\mathbf{A}})],$$

$$\begin{aligned}\operatorname{Sp}[\mathbf{V}(\mathbf{I} - \widetilde{\mathbf{A}})] &= \operatorname{Sp}[(\sigma_e^2\,\mathbf{I} + \sigma_a^2\,\mathbf{A})(\mathbf{I} - \widetilde{\mathbf{A}})] \\ &= \sigma_e^2 \operatorname{Sp}(\mathbf{I} - \widetilde{\mathbf{A}}) + \sigma_a^2 \operatorname{Sp}(\mathbf{A} - \mathbf{A}\,\widetilde{\mathbf{A}}).\end{aligned}$$

Da $\mathbf{A}\,\widetilde{\mathbf{A}} = \mathbf{A}$, ist der zweite Summand gleich 0. Ferner prüft man leicht nach, daß die Matrix $(\mathbf{I} - \widetilde{\mathbf{A}})$ idempotent ist. Für idempotente Matrizen ist aber die Spur einer Matrix gleich ihrem Rang. Der Rang der Matrix $(\mathbf{I} - \widetilde{\mathbf{A}})$ ist aber bekannt, nämlich gleich dem Freiheitsgrad f_R, so daß

$$\operatorname{Sp}[\mathbf{V}(\mathbf{I} - \widetilde{\mathbf{A}})] = f_R\,\sigma_e^2$$

und somit

$$E(M\,Q_R) = \sigma_e^2\,.$$

$\hat{\sigma}_e^2 = M\,Q_R$ ist eine erwartungstreue Schätzung von σ_e^2. Die Ergebnisse sind schon in der Spalte $E(M\,Q_R)$ von Tab. 6 angegeben.

3.1.5. Stichprobenvarianzen der geschätzten Varianzkomponenten

Gesucht sind die Varianzen $V(\hat{\sigma}_a^2)$ und $V(\hat{\sigma}_e^2)$. Da $\hat{\sigma}_a^2 = \frac{1}{k}(M\,Q_A - M\,Q_R)$ und $M\,Q_A$ von $M\,Q_R$ auch im nichtorthogonalen Fall statistisch unabhängig ist, ergibt sich

$$V(\hat{\sigma}_a^2) = \frac{1}{k^2}\left[\frac{V(S\,Q_A)}{(p-1)^2} + \frac{V(S\,Q_R)}{(N-p)^2}\right]$$

mit

$$k = \frac{1}{p-1}\left(N - \frac{1}{N}\sum_{i=1}^{p} n_i^2\right).$$

Mit sehr großem rechnerischen Aufwand ist die Varianzbildung von $S\,Q_A$ verknüpft. Hier erweist sich das in Abs. 3.1.4 angegebene Matrizenverfahren als sehr geeignet. Es ist z. B.

$$V(S\,Q_A) = 2\,\mathrm{Sp}\,[\mathbf{V}\,(\tilde{\mathbf{A}} - \tilde{\mathbf{G}})]^2\,.$$

Nach SEARLE (1956) erhält man dann für $\hat{\sigma}_a^2$ folgende Varianz:

$$V(\hat{\sigma}_a^2) = \frac{1}{k^2}\left[\frac{2(\sigma_a^2)^2}{(p-1)^2}\left(\sum_{i=1}^{p} n_i^2 - \frac{2}{N}\sum_{i=1}^{p} n_i^3 + \frac{1}{N^2}(\sum n_i^2)^2\right)\right.$$
$$\left. + \frac{4\,\sigma_a^2\,\sigma_e^2}{(p-1)^2}\left(N - \frac{1}{N}\sum_{i=1}^{p} n_i^2\right) + \frac{2(\sigma_e^2)^2\,(N-1)}{(p-1)\,(N-p)}\right]. \tag{3.1.25}$$

(CRUMP (1951) kam mit anderen Mitteln zu demselben Ergebnis.) Ersetzt man in dieser Formel σ_a^2 und σ_e^2 durch ihre Schätzwerte $\hat{\sigma}_a^2$ und $\hat{\sigma}_e^2$, so begeht man einen Fehler, da $(\hat{\sigma}_a^2)^2$ keine erwartungstreue Schätzung für $(\sigma_a^2)^2$ ist. Entsprechendes gilt für $(\sigma_e^2)^2$ und $\sigma_a^2 \cdot \sigma_e^2$. Erwartungstreue Schätzungen für $(\sigma_a^2)^2$, $(\sigma_e^2)^2$ und $\sigma_a^2 \cdot \sigma_e^2$ sind $(\hat{\sigma}_a^2)^2 - V(\hat{\sigma}_a^2)$, $(\hat{\sigma}_e^2)^2 - V(\hat{\sigma}_e^2)$ und $\hat{\sigma}_a^2\,\hat{\sigma}_e^2 - \mathrm{Cov}\,(\hat{\sigma}_a^2, \hat{\sigma}_e^2)$, wie man leicht nachweisen kann. Die Stichprobenvarianz für $\hat{\sigma}_e^2$ ist wieder auf Grund der Verteilungseigenschaft von $M\,Q_R$ wie folgt zu berechnen (siehe Abs. 3.1.2)

$$\boxed{\hat{V}(\hat{\sigma}_e^2) = \frac{2(\hat{\sigma}_e^2)^2}{f_R + 2} = \frac{2(\hat{\sigma}_e^2)^2}{N - p + 2}\,.} \tag{3.1.26}$$

Nach Einsetzen der erwartungstreuen Schätzungen $(\hat{\sigma}_a^2)^2 - V(\hat{\sigma}_a^2)$, $(\hat{\sigma}_e^2)^2 - V(\hat{\sigma}_e^2)$ und $\hat{\sigma}_a^2\,\hat{\sigma}_e^2 - \mathrm{Cov}\,(\hat{\sigma}_a^2, \hat{\sigma}_e^2)$ für $(\sigma_a^2)^2$, $(\sigma_e^2)^2$ und $\sigma_a^2\,\sigma_e^2$ läßt sich für $\hat{V}(\hat{\sigma}_a^2)$ im nichtorthogonalen Fall keine übersichtliche Formel angeben. Man kann aber $\hat{V}(\hat{\sigma}_a^2)$ und gleichzeitig $\hat{V}(\hat{\sigma}_e^2)$ und $\widehat{\mathrm{Cov}}\,(\hat{\sigma}_a^2, \hat{\sigma}_e^2)$ in folgender Weise ermitteln:

Verwende für den Fall der einfachen Klassifikation die folgenden Matrizen:

$$\mathbf{B} = \begin{pmatrix} \frac{1}{k^2} & \frac{1}{k^2} \\ 0 & 1 \\ 0 & -\frac{1}{k} \end{pmatrix} \qquad \text{mit } k = \frac{1}{p-1}\left(N - \frac{1}{N}\sum_{i=1}^{p} n_i^2\right)$$

und

$$\mathbf{C} = \begin{pmatrix} \frac{2}{(p-1)^2}\left[\sum_i n_i^2 - \frac{2}{N}\sum_i n_i^3 + \frac{1}{N^2}(\sum n_i^2)^2\right] & \frac{2}{p-1} & \frac{4k}{p-1} \\ 0 & \frac{2}{N-p} & 0 \end{pmatrix}$$

Bilde $\mathbf{B} \cdot \mathbf{C} = \mathbf{D}$ und danach $\mathbf{I} + \mathbf{D}$. Invertiere $\mathbf{I} + \mathbf{D}$, d. h., bilde $(\mathbf{I} + \mathbf{D})^{-1}$. Wenn man die folgenden Vektoren definiert:

$$\hat{\mathbf{V}}(\hat{\sigma}^2) = \begin{pmatrix} \hat{V}(\hat{\sigma}_a^2) \\ \hat{V}(\hat{\sigma}_e^2) \\ \widehat{\text{Cov}}\,(\hat{\sigma}_a^2, \hat{\sigma}_e^2) \end{pmatrix} \qquad \text{und} \quad \hat{\gamma} = \begin{pmatrix} (\hat{\sigma}_a^2)^2 \\ (\hat{\sigma}_e^2)^2 \\ \hat{\sigma}_a^2\, \hat{\sigma}_e^2 \end{pmatrix},$$

dann erhält man die Stichprobenvarianzen und -kovarianzen:

$$\boxed{\hat{\mathbf{V}}(\hat{\sigma}^2) = (\mathbf{I} + \mathbf{D})^{-1} \cdot \mathbf{D}\, \hat{\gamma}\,.} \tag{3.1.27}$$

Für unser Beispiel (d. h. $N = 19$, $p = 11$ und n_i nach Tab. 8) erhält man nach Formel (3.1.27) folgende Stichprobenvarianzen (die Kovarianz ist nicht von Interesse und wird weggelassen):

$\hat{V}(\hat{\sigma}_a^2) = 27434{,}04$ und die Streuung $\sqrt{\hat{V}(\hat{\sigma}_a^2)} = 165{,}6$,

$\hat{V}(\hat{\sigma}_e^2) = 81{,}75$ und die Streuung $\sqrt{\hat{V}(\hat{\sigma}_e^2)} = 9{,}04$

und somit

$$\hat{\sigma}_a^2 \pm \sqrt{\hat{V}(\hat{\sigma}_a^2)} = 406{,}8 \pm 165{,}6 \text{ bzw.}$$

$$\hat{\sigma}_e^2 \pm \sqrt{\hat{V}(\hat{\sigma}_e^2)} = 18{,}10 \pm 9{,}04.$$

Verwendet man für $V(\hat{\sigma}_a^2)$ die Formel (3.1.25), so erhält man eine wesentlich gröbere Schätzung:

$\hat{V}(\hat{\sigma}_a^2) = 34574{,}64$ und die Streuung $\sqrt{\hat{V}(\hat{\sigma}_a^2)} = 186$

und somit $\hat{\sigma}_a^2 \pm \sqrt{\hat{V}(\hat{\sigma}_a^2)} = 406{,}8 \pm 186$.

Die Formel (3.1.27) ist sehr allgemein und enthält als Spezialfall auch den orthogonalen Fall, d. h., wenn alle $n_i = n$. Für diesen Fall wird $k = n$ und

$$\mathbf{B} = \begin{pmatrix} \frac{1}{n^2} & \frac{1}{n^2} \\ 0 & 1 \\ 0 & -\frac{1}{n} \end{pmatrix} \qquad \mathbf{C} = \begin{pmatrix} \frac{2\,n^2}{f_A} & \frac{2}{f_A} & \frac{4\,n}{f_A} \\ 0 & \frac{2}{f_R} & 0 \end{pmatrix}.$$

Aus diesen Größen erhält man dann die Formeln (3.1.17) und (3.1.18) für $\hat{V}(\hat{\sigma}_a^2)$ und $\hat{V}(\hat{\sigma}_e^2)$ für den orthogonalen Fall.

Eine Gegenüberstellung der Ergebnisse $\hat{\sigma}_a^2 \pm \hat{V}(\hat{\sigma}_a^2)$ im hier betrachteten Beispiel der einfachen Klassifikation für den orthogonalen und den nichtorthogonalen Fall bei Verwendung der Formel (3.1.27) (siehe Ahrens (1965)) und der bekannten Approximation (siehe z. B. Brownlee (1960)) ergibt folgende Tabelle

3.1. *Tabelle 10*

	$\hat{\sigma}_a^2 \pm \sqrt{\hat{V}(\hat{\sigma}_a^2)}$	
	orthogonaler Fall	nichtorthogonaler Fall
Erwartungstreue Schätzungen	401,5 ± 160,3	406,8 ± 165,6
	nach (3.1.27)	
Approximationen	401,5 ± 174,3 nach (3.1.16)	406,8 ± 186,0 nach (3.1.25)

3.2. Zweifache hierarchische Klassifikation

Wir schließen an die einfache Klassifikation gleich die zweifache hierarchische Klassifikation an und betrachten sie als Fortsetzung der einfachen Klassifikation. Das Schätzen der Varianzkomponenten im Falle hierarchischer Klassifikationen läßt sich unter allgemeinen Gesichtspunkten zusammenfassen. Nach der Besprechung der hierarchischen Klassifikation folgen dann die Kreuzklassifikationen, für die das Schätzen von Varianzkomponenten im Ganzen gesehen komplizierter ist.

3.2.1. Zweifache hierarchische Klassifikation, gleiche Besetzung der Unterklassen (orthogonaler Fall)

Wir betrachten r Stufen des Faktors A und innerhalb jeder Stufe des Faktors A tritt der Faktor B in s Stufen (Unterklassen) auf und in jeder der insgesamt $r\,s$ Unterklassen gibt es n Beobachtungen. Folglich gibt es insgesamt $N = r\,s\,n$ Beobachtungen. Diese Versuchsanlage läßt sich durch folgende Skizze veranschaulichen

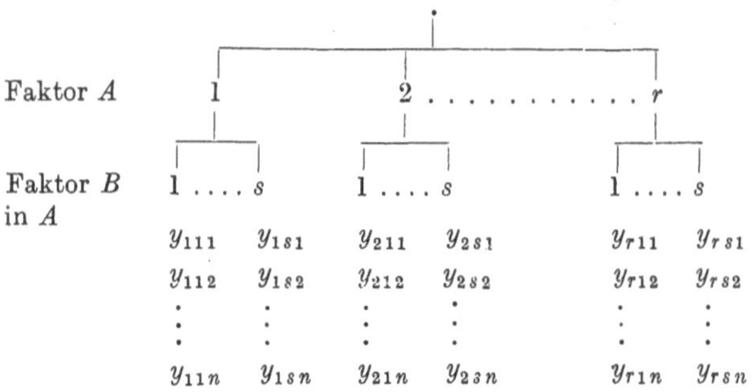

3.2. Abb. 1. Zweifache hierarchische Klassifikation (orthogonaler Fall)

Für die ν-te Beobachtung der j-ten Stufe des Faktors B innerhalb der i-ten Stufe des Faktors A gehen wir von folgender Modellgleichung aus:

$$y_{ij\nu} = \mu + a_i + b_{ij} + e_{ij\nu} \tag{3.2.1}$$

$$(i = 1, 2, \ldots, r; \quad j = 1, 2, \ldots, s; \quad \nu = 1, 2, \ldots, n).$$

μ ist das allgemeine Mittel. a_i, b_{ij} und $e_{ij\nu}$ sind für alle i, j und ν nichtkorrelierende zufällige Veränderliche mit dem Erwartungswert 0 und den Varianzen:

$$\begin{aligned} V(a_i) &= \sigma_a^2 \quad \text{für alle } i, \\ V(b_{ij}) &= \sigma_b^2 \quad \text{für alle } i, j, \\ V(e_{ij\nu}) &= \sigma_e^2 \quad \text{für alle } i, j, \nu. \end{aligned}$$

σ_a^2, σ_b^2, σ_e^2 sind die zu schätzenden Varianzkomponenten, aus denen sich die Gesamtvarianz σ^2 zusammensetzt:

$$V(y_{ij\nu}) = \sigma^2 = \sigma_a^2 + \sigma_b^2 + \sigma_e^2 .$$

$e_{ij\nu}$ sei normalverteilt.

Zum Schätzen der Varianzkomponenten ist zwar keine Annahme über die Verteilung der zufälligen Veränderlichen a_i und b_{ij} erforderlich. Es erweist sich aber als vorteilhaft, für diese zufälligen Veränderlichen Normalverteilung anzunehmen, da sich dadurch einige Berechnungen vereinfachen lassen. In den meisten Fällen bedeutet diese Annahme keine große Beschränkung.

Das Schätzen der Varianzkomponenten

Man geht wieder von der Tabelle der Varianzanalyse aus und ermittelt die Erwartungswerte der $M\,Q$'s. Wir nehmen daher gleich die Spalte $E(M\,Q)$ auf (Tab. 1 s. S. 122).

$$Y_{ij.} = \sum_{\nu=1}^{n} y_{ij\nu}, \quad Y_{i..} = \sum_{j=1}^{s} Y_{ij.} = \sum_{j=1}^{s}\sum_{\nu=1}^{n} y_{ij\nu},$$

$$Y_{...} = \sum_{i=1}^{r} Y_{i..} = \sum_{i=1}^{r}\sum_{j=1}^{s}\sum_{\nu=1}^{n} y_{ij\nu},$$

$$N = r \cdot s \cdot n .$$

3.2.

Tabelle 1

Varianzanalyse der zweifachen hierarchischen Klassifikation (orthogonaler Fall)

$S\,Q$	$F\,G$	$M\,Q$	$E(M\,Q)$
$S\,Q_A = \sum_{i=1}^{r} \frac{Y_{i..}^2}{s\,n} - \frac{Y_{...}^2}{N}$	$f_A = r - 1$	$S\,Q_A/f_A = M\,Q_A$	$s\,n\,\sigma_a^2 + n\,\sigma_b^2 + \sigma_e^2$
$S\,Q_B = \sum_{i=1}^{r} \sum_{j=1}^{s} \frac{Y_{ij.}^2}{n} - \sum_{i=1}^{r} \frac{Y_{i..}^2}{s\,n}$	$f_B = r\,(s - 1)$	$S\,Q_B/f_B = M\,Q_B$	$n\,\sigma_b^2 + \sigma_e^2$
$S\,Q_R = \sum_{i=1}^{r} \sum_{j=1}^{s} \sum_{\nu=1}^{n} y_{ij\nu}^2 - \sum_{i=1}^{r} \sum_{j=1}^{s} \frac{Y_{ij.}^2}{n}$	$f_R = N - r\,s$	$S\,Q_R/f_R = M\,Q_R$	σ_e^2

Aus dem Gleichungssystem

$$\begin{aligned} M\,Q_A &= sn\,\hat{\sigma}_a^2 + n\,\hat{\sigma}_b^2 + \hat{\sigma}_e^2\,, \\ M\,Q_B &= \phantom{sn\,\hat{\sigma}_a^2 +{}} n\,\hat{\sigma}_b^2 + \hat{\sigma}_e^2\,, \\ M\,Q_R &= \phantom{sn\,\hat{\sigma}_a^2 + n\,\hat{\sigma}_b^2 +{}} \hat{\sigma}_e^2 \end{aligned} \tag{3.2.2}$$

erhält man dann die Schätzungen der Varianzkomponenten:

$$\boxed{\begin{aligned} \hat{\sigma}_e^2 &= M\,Q_R\,, \\ \hat{\sigma}_b^2 &= \frac{1}{n}\,(M\,Q_B - M\,Q_R)\,, \\ \hat{\sigma}_a^2 &= \frac{1}{s\,n}\,(M\,Q_A - M\,Q_B)\,. \end{aligned}} \tag{3.2.3}$$

Zur Ermittlung der Schätzungen für die Varianzkomponenten kommt es wieder auf die Berechnung von $E(M\,Q)$ und damit auf $E(S\,Q)$ an. Das ist mit sehr großem rechnerischen Aufwand, unmittelbar von den $S\,Q$'s der Tabelle der Varianzanalyse ausgehend, zu erreichen. Wir geben im nichtorthogonalen Fall, wo sich die Berechnungen noch komplizierter gestalten, einige Hinweise zur Berechnung der $E(S\,Q)$ mit Hilfe der Formel (3.1.24). Der orthogonale Fall ist dann als Spezialfall im nichtorthogonalen Fall enthalten.

Die Intraklasskorrelationen

Im Gegensatz zu dem Modell I sind die Beobachtungsgrößen $y_{ij\nu}$ untereinander nicht mehr unabhängig, sondern es bestehen je nach Klassifizierungsstufe gewisse Abhängigkeiten. In unserem Falle gibt es zwei verschiedene Intraklasskorrelationen. Erstens gilt es den Grad der Abhängigkeit zweier Beobachtungsgrößen derselben j-ten Unterklasse innerhalb der i-ten Klasse zu messen, d. h.

$$\varrho_1 = \varrho_{y_{ij\nu},\,y_{ij\nu'}} = \frac{\operatorname{Cov}(y_{ij\nu}, y_{ij\nu'})}{\sqrt{V(y_{ij\nu})}\,\sqrt{V(y_{ij\nu'})}} \quad (\nu \neq \nu') \tag{3.2.4}$$

und zum anderen ein Maß zu finden für den Grad der

Abhängigkeit zweier Beobachtungsgrößen verschiedener Unterklassen j und j', d. h.

$$\varrho_2 = \varrho_{y_{ij\nu},\, y_{ij'\nu'}} = \frac{\operatorname{Cov}(y_{ij\nu}, y_{ij'\nu'})}{V(y_{ij})\, V(y_{ij'\nu'})} \tag{3.2.5}$$

$$(j \neq j',\, \nu = \nu' \text{ möglich})\,.$$

Auf Grund der Definition von $y_{ij\nu}$ und der Voraussetzungen über die zufälligen Veränderlichen a_i, b_{ij} und $e_{ij\nu}$ erhält man:

$$\varrho_1 = \frac{\sigma_a^2 + \sigma_b^2}{\sigma_a^2 + \sigma_b^2 + \sigma_e^2}\,,$$

$$\varrho_2 = \frac{\sigma_a^2}{\sigma_a^2 + \sigma_b^2 + \sigma_e^2}$$

und nach Einsetzen der Schätzungen

$$\hat{\varrho}_1 = \frac{\hat{\sigma}_a^2 + \hat{\sigma}_b^2}{\hat{\sigma}_a^2 + \hat{\sigma}_b^2 + \hat{\sigma}_e^2} = \frac{M\,Q_A + (s-1)\,M\,Q_B - s\,M\,Q_R}{M\,Q_A + (s-1)\,M\,Q_B + s\,(n-1)\,M\,Q_R}\,, \tag{3.2.6}$$

$$\hat{\varrho}_2 = \frac{\hat{\sigma}_a^2}{\hat{\sigma}_a^2 + \hat{\sigma}_b^2 + \hat{\sigma}_e^2} = \frac{M\,Q_A - M\,Q_B}{M\,Q_A + (s-1)\,M\,Q_B + s\,(n-1)\,M\,Q_R}\,. \tag{3.2.7}$$

Beispiel

Gemessen wurde die Konzentration von Kalzium im Blattwerk der Zuckerrüben (Meßwert in %). Zufällige Auswahl von $r = 4$ Rüben (Faktor A), je Rübe per Zufall $s = 3$ Blätter (Faktor B in A) und auf jedem Blatt $n = 2$ Messungen, d. h. $N = r\,s\,n = 24$ Meßwerte (Tab. 2 s. S. 125).

Daraus erhält man die Tabelle der Varianzanalyse (Tab. 3 s. S. 125).

Aus dem Gleichungssystem

$$\begin{aligned} 2{,}5201 &= 6 \cdot \hat{\sigma}_a^2 + 2 \cdot \hat{\sigma}_b^2 + \hat{\sigma}_e^2\,, \\ 0{,}3288 &= \phantom{6 \cdot \hat{\sigma}_a^2 + {}} 2 \cdot \hat{\sigma}_b^2 + \hat{\sigma}_e^2\,, \\ 0{,}0067 &= \phantom{6 \cdot \hat{\sigma}_a^2 + 2 \cdot \hat{\sigma}_b^2 + {}} \hat{\sigma}_e^2 \end{aligned}$$

3.2. *Tabelle 2*

Meßwerte

i	j	$y_{ij\nu}$		$Y_{ij\cdot}$	$Y_{i\cdot\cdot}$
	1	3,28	3,09	6,37	
1	2	3,52	3,48	7,00	
	3	2,88	2,80	5,68	19,05
	1	2,46	2,44	4,90	
2	2	1,87	1,92	3,79	
	3	2,19	2,19	4,38	13,07
	1	2,77	2,66	5,43	
3	2	3,74	3,44	7,18	
	3	2,55	2,55	5,10	17,71
	1	3,78	3,87	7,65	
4	2	4,07	4,12	8,19	
	3	3,31	3,31	6,62	22,46
					$Y_{\dots} = 72,29$

3.2. *Tabelle 3*

SQ	FG	MQ	$E(MQ)$
$SQ_A = 7,5603$	$f_A = 3$	2,5201	$6\,\sigma_a^2 + 2\,\sigma_b^2 + \sigma_e^2$
$SQ_B = 2,6302$	$f_B = 8$	0,3288	$2\,\sigma_b^2 + \sigma_e^2$
$SQ_R = 0,0799$	$f_R = 12$	0,0067	σ_e^2

erhält man die Schätzungen

$$\hat{\sigma}_e^2 = 0,0067\,,$$

$$\hat{\sigma}_b^2 = 0,1611\,,$$

$$\hat{\sigma}_a^2 = 0,3652\,.$$

Als Schätzungen für ϱ_1 und ϱ_2 bekommt man

$$\hat{\varrho}_1 = \frac{\hat{\sigma}_a^2 + \hat{\sigma}_b^2}{\hat{\sigma}_a^2 + \hat{\sigma}_b^2 + \hat{\sigma}_e^2} = 0{,}9874\,,$$

$$\hat{\varrho}_2 = \frac{\hat{\sigma}_a^2}{\hat{\sigma}_a^2 + \hat{\sigma}_b^2 + \hat{\sigma}_e^2} = 0{,}6852\,.$$

Das Prüfen von Hypothesen über die Varianzkomponenten.
Die Hypothese H_B: $\sigma_b^2 = 0$

$M\,Q_B$ ist eine Schätzung von $n\,\sigma_b^2 + \sigma_e^2$ und ist $(n\,\sigma_b^2 + \sigma_e^2)\,\chi^2(f_B)/f_B$-verteilt. $M Q_R$ ist wieder $\sigma_e^2\,\chi^2(f_R)/f_R$-verteilt. Somit ist $M\,Q_B/(n\,\sigma_b^2 + \sigma_e^2)$ eine $\chi^2(f_B)/f_B$ zufällige Veränderliche und entsprechend ist $M\,Q_R/\sigma_e^2$ eine $\chi^2(f_R)/f_R$ zufällige Veränderliche. Bei Gültigkeit der Hypothese H_B: $\sigma_b^2 = 0$ folgt die zufällige Veränderliche

$$\frac{\chi^2(f_B)/f_B}{\chi^2(f_R)/f_R} = \frac{M\,Q_B}{M\,Q_R}$$

einer F-Verteilung mit $f_1 = f_B$ und $f_2 = f_R$ Freiheitsgraden. Bei Vorgabe einer Irrtumswahrscheinlichkeit α wird die *Hypothese H_B : $\sigma_b^2 = 0$ angenommen, wenn*

$$\frac{M\,Q_B}{M\,Q_R} < F_\alpha(f_B, f_R)$$

und H_B *wird abgelehnt, wenn*

$$\frac{M\,Q_B}{M\,Q_R}\,F(f_B, f_R)\,.$$

Die Hypothese $H_A : \sigma_a^2 = 0$

Vollkommen analog wie im Fall der Hypothese H_B kommt man zur Testcharakteristik der Hypothese $H_A : \sigma_a^2 = 0$.

Mit einer Irrtumswahrscheinlichkeit α *wird $H_A : \sigma_a^2 = 0$ angenommen, wenn*

$$\frac{M\,Q_A}{M\,Q_B} < F_\alpha(f_A, f_B)$$

und H_A *wird abgelehnt, wenn*

$$\frac{M\,Q_A}{M\,Q_B} > F_\alpha(f_A, f_B)\,.$$

Wir betrachten das Beispiel der Messungen von Kalziumkonzentrationen. Es sei $\alpha = 0{,}05$; es ist $f_A = 3$, $f_B = 8$, $f_R = 12$.

Hypothese H_B: $\sigma_b^2 = 0$

$$\frac{M\,Q_B}{M\,Q_R} = 46{,}1\,.$$

Nach Tafel 6 (E. WEBER) ist $F_\alpha(f_B, f_R) = F_{0,05}(8;\,12) = 2{,}85$. Somit wird die Hypothese H_B: $\sigma_b^2 = 0$ abgelehnt, d. h. der Einfluß der Variabilität, die durch die Blätter je Rübe hervorgerufen wird, auf die Gesamtvariabilität gilt als gesichert.

Hypothese H_A: $\sigma_a^2 = 0$

Es ist $\dfrac{M\,Q_A}{M\,Q_B} = 7{,}6$ und $F_\alpha(f_A, f_B) = F_{0,05}(3;\,8) = 4{,}07$.

Auch H_A wird abgelehnt, d. h. die durch die Auswahl der Rüben hervorgerufene Variabilität ist größer als Null anzusehen.

Konfidenzintervalle für den Mittelwert μ, *für* σ_e^2 *und* σ_b^2/σ_e^2

Die Modellgleichung lautet

$$y_{ij\nu} = \mu + a_i + b_{ij} + e_{ij\nu}$$

$$(i = 1, 2, \ldots, r; \quad j = 1, 2, \ldots, s; \quad \nu = 1, 2, \ldots, n)\,.$$

Das allgemeine Mittel μ wird durch $y_{\cdot\cdot\cdot}$ geschätzt. Es ist $E(y_{\cdot\cdot\cdot}) = \mu$.

Die Mittel innerhalb der einzelnen Faktoren und das Gesamtmittel sind ebenfalls normalverteilt mit dem Mittelwert μ aber mit jeweils anderen Varianzen. Es ist

$$y_{ij\cdot} = \mu + a_i + b_{ij} + \frac{1}{n}\sum_{\nu=1}^{n} e_{ij\nu}$$

normalverteilt, da a_i, b_{ij} und $e_{ij\nu}$ normalverteilt sind. Es ist $E(y_{ij\cdot}) = \mu$ und

$$V(y_{ij\cdot}) = \sigma_a^2 + \sigma_b^2 + \frac{\sigma_e^2}{n} = \frac{1}{n}(n\,\sigma_a^2 + n\,\sigma_b^2 + \sigma_e^2)\,.$$

D. h.

$$y_{ij\cdot} \text{ ist } N\left(\mu, \frac{n\,\sigma_a^2 + n\,\sigma_b^2 + \sigma_e^2}{n}\right).$$

Ferner gilt

$$y_{i\cdot\cdot} = \mu + a_i + \frac{1}{s}\sum_{j=1}^{s} b_{ij} + \frac{1}{s\,n}\sum_{j=1}^{s}\sum_{\nu=1}^{n} e_{ij\nu}\,.$$

$y_{i\cdot\cdot}$ ist normalverteilt mit $E(y_{i\cdot\cdot}) = \mu$ und der Varianz

$$V(y_{i\cdot\cdot}) = \sigma_a^2 + \frac{\sigma_b^2}{s} + \frac{\sigma_e^2}{s\,n} = \frac{1}{s\,n}(s\,n\,\sigma_a^2 + n\,\sigma_b^2 + \sigma_e^2)\,,$$

d. h.

$$y_{i\cdot\cdot} \text{ ist } N\left(\mu, \frac{s\,n\,\sigma_a^2 + n\,\sigma_b^2 + \sigma_e^2}{s\,n}\right).$$

Es ist

$$y_{\cdots} = \mu + \frac{1}{r}\sum_{i=1}^{r} a_i + \frac{1}{r\,s}\sum_i\sum_j b_{ij} + \frac{1}{r\,s\,n}\sum_i\sum_j\sum_\nu e_{ij\nu}$$

normalverteilt mit $E(y_{\cdots}) = \mu$ und der Varianz

$$V(y_{\cdots}) = \frac{\sigma_a^2}{r} + \frac{\sigma_b^2}{r\,s} + \frac{\sigma_e^2}{r\,s\,n} = \frac{1}{r\,s\,n}(s\,n\,\sigma_a^2 + n\,\sigma_b^2 + \sigma_e^2)\,,$$

d. h.

$$y_{\cdots} \text{ ist } N\left(\mu, \frac{s\,n\,\sigma_a^2 + n\,\sigma_b^2 + \sigma_e^2}{r\,s\,n}\right). \tag{3.2.8}$$

Für $y_{\cdots}$ lassen sich Konfidenzgrenzen angeben. Wegen (3.2.8) gilt

$$\frac{y_{\cdots} - \mu}{\sqrt{\dfrac{s\,n\,\sigma_a^2 + n\,\sigma_b^2 + \sigma_e^2}{r\,s\,n}}} \;\ldots\; N(0,1)\,.$$

Setzt man für $sn\sigma_a^2 + n\sigma_b^2 + \sigma_e^2$ die erwartungstreue Schätzung MQ_A ein (siehe Tabelle 1, Abschnitt 3.2), die auf $f_A = r - 1$ Freiheitsgraden beruht, so geht man zur t-Verteilung mit $r - 1$ Freiheitsgraden über, d. h.

$$\frac{y_{\cdots} - \mu}{\sqrt{MQ_A/r\,s\,n}} \ldots t\,(r-1)\,.$$

Daraus erhält man bei Vorgabe einer Irrtumswahrscheinlichkeit α die Konfidenzgrenzen für μ zum Konfidenzniveau $(1 - \alpha) \cdot 100\%$:

$$\boxed{\begin{aligned} y_{\cdots} - t_\alpha\,(r-1)\,\sqrt{MQ_A/\,r\,s\,n} &< \mu < y_{\cdots} \\ + t_\alpha\,(r-1)\,\sqrt{MQ_A/\,r\,s\,n} \end{aligned}} \tag{3.2.9}$$

Im Beispiel der Kalziumprozente im Blattwerk von Zuckerrüben erhält man folgendes Konfidenzintervall. Es sei $\alpha = 0{,}05$, $t_\alpha\,(r-1) = t_{0,05}\,(3) = 4{,}54$ (zweiseitige Fragestellung), $M\,Q_A = 2{,}5201$, $r\,s\,n = 24$; $M\,Q_A/24 = 0{,}1050$; $t_\alpha\,(r-1) \cdot \sqrt{MQ_A/r\,s\,n} = 1{,}4528$, dann ist nach (3.2.9)

$$1{,}56 < \mu < 4{,}46\,.$$

Konfidenzintervall für σ_e^2:

Wie im Falle der einfachen Klassifikation gibt es für die Konstruktion eines Konfidenzintervalles keine Schwierigkeiten, da $M\,Q_R$ eine $\sigma_e^2\,\chi^2(f_R)/f_R$-Verteilung besitzt und damit $M\,Q_R \cdot f_R/\sigma_e^2$ eine $\chi^2(f_R)$ zufällige Veränderliche ist. Die Herleitung des Konfidenzintervalles geschieht wie in Abschnitt 3.1.1.

Gibt man zwei Wahrscheinlichkeiten P_1 und P_2 $(P_2 > P_1)$ vor, so erhält man ein Konfidenzintervall für σ_e^2 zum Konfidenzniveau $(P_2 - P_1) \cdot 100\%$:

$$\boxed{\frac{M\,Q_R \cdot f_R}{\chi^2_{P_2}(f_R)} < \sigma_e^2 < \frac{M\,Q_R \cdot f_R}{\chi^2_{P_1}(f_R)}\,.} \tag{3.2.10}$$

Im Falle der Messungen der Kalziumprozente möchten wir für die Meßfehlervarianz ein 90% Konfidenzintervall angeben. Es sei $P_2 = 0{,}95$, $P_1 = 0{,}05$. Es ist $MQ_R = 0{,}0067$; $f_R = 12$; $\chi^2_{0,95}(12) = 21{,}0$ (siehe E. WEBER, Tafel 4); $\chi^2_{0,05}(12) = 5{,}23$. (Es ist zu beachten, daß dem Wert P_2 bei E. WEBER der Wert $1 - \alpha_2$ und dem Wert P_1 der Wert $1 - \alpha_1$ entspricht.) Als Konfidenzintervall erhält man nach (3.2.10)

$$0{,}0038 < \sigma_e^2 < 0{,}0154$$

und für die Streuung

$$0{,}061 < \sigma_e < 0{,}125\,.$$

Konfidenzintervall für σ_b^2/σ_e^2

Für die Varianzkomponenten σ_a^2 und σ_b^2 gibt es nur Approximationen von Konfidenzintervallen. Ähnlich wie für den Quotienten σ_b^2/σ_e^2 kann man auch exakte Konfidenzgrenzen für den Quotienten

$$\frac{s\,n\,\sigma_a^2 + n\,\sigma_b^2 + \sigma_e^2}{n\,\sigma_b^2 + \sigma_e^2}$$

angeben. Die Ableitung dieser Konfidenzgrenzen ist der Konstruktion von Konfidenzgrenzen für σ_b^2/σ_e^2 vollkommen analog. Wie im Falle der einfachen Klassifikation kann man für den Quotienten σ_b^2/σ_e^2 ein exaktes Konfidenzintervall angeben, das in derselben Weise, wie in Abschnitt 3.1.1 abgeleitet wird. Man erhält bei Vorgabe zweier Wahrscheinlichkeiten P_1, P_2 ($P_2 > P_1$) folgenden Ausdruck

$$P\left\{\frac{MQ_B}{MQ_R}\cdot\frac{1}{F_{P_2}(r\,(s-1);\,N - r\,s)} < \frac{\sigma_e^2 + n\,\sigma_b^2}{\sigma_e^2} < \frac{MQ_B}{MQ_R}F_{1-P_1}\big(N - r\,s;\,r\,(s-1)\big)\right\} = P_2 - P_1\,.$$

Da

$$\frac{\sigma_e^2 + n\,\sigma_b^2}{\sigma_e^2} = 1 + n\,\frac{\sigma_b^2}{\sigma_e^2},$$

so erhält man wieder für den Quotienten σ_b^2/σ_e^2 ein exaktes Konfidenzintervall zum Konfidenzniveau $(P_2 - P_1) \cdot 100\%$:

$$\frac{1}{n}\left(\frac{MQ_B}{MQ_R} \cdot \frac{1}{F_{P_2}(r\,(s-1);\, N - r\,s)} - 1\right) < \frac{\sigma_b^2}{\sigma_e^2} < \frac{1}{n}\left(\frac{M\,Q_B}{M\,Q_R} F_{1-P_1}\,(N - r\,s;\, r\,(s-1)) - 1\right). \tag{3.2.11}$$

Im Beispiel der Kalziumprozente erhält man für σ_b^2/σ_e^2 das folgende Konfidenzintervall zum Konfidenzniveau 90%. Wir wählen $P_2 = 0{,}95$; $P_1 = 0{,}05$. Es ist $r\,(s-1) = 8$; $N - r\,s = 12$; $1/F_{P_2}(r(s-1);\, N - r\,s) = 1/F_{0,95}\,(8;12)$. Dem Tafelwert für P_2 entspricht bei E. Weber der Tafelwert $1 - P_2$, also $1/F_{0,05}\;(8;\;12) = 1/2{,}85 = 0{,}35$. Entsprechend ist $F_{1-P_1}\,(N - r\,s;\, r\,(s-1)) = F_{0,95}\;(12;8)$, dem bei E. Weber der Tafelwert von $F_{0,05}\,(12;8)$ entspricht, d. h. 3,28. Es ist $M\,Q_B/M\,Q_R = 49{,}07$; das Konfidenzintervall lautet nach (3.2.11):

$$8{,}08 < \sigma_b^2/\sigma_e^2 < 79{,}97\,.$$

Radiziert man diesen Ausdruck, so erhält man

$$2{,}84 < \sigma_b/\sigma_e < 0{,}94\,.$$

3.2.2. Stichprobenvarianzen geschätzter Varianzkomponenten

Für die zweifache hierarchische Klassifikation erhält man im orthogonalen Fall in folgender Weise die Stichprobenvarianzen von $\hat{\sigma}_a^2$, $\hat{\sigma}_b^2$ und $\hat{\sigma}_e^2$ (und die verschiedenen Kovarianzen) (siehe AHRENS (1965)).

Es sei $\mathbf{B} = \begin{pmatrix} \frac{1}{s^2 n^2} & \frac{1}{s^2 n^2} & 0 & \frac{-2}{s^2 n^2} \\ 0 & \frac{1}{n^2} & \frac{1}{n^2} & 0 \\ 0 & 0 & 1 & 0 \\ 0 & \frac{-1}{s n^2} & 0 & \frac{1}{s n^2} \\ 0 & 0 & 0 & 0 \\ 0 & 0 & \frac{-1}{n} & 0 \end{pmatrix}$

und $\mathbf{C} = \begin{pmatrix} \frac{2 s^2 n^2}{f_A} & \frac{2 n^2}{f_A} & \frac{2}{f_A} & \frac{4 s n^2}{f_A} & \frac{4 s n}{f_A} & \frac{4 n}{f_A} \\ 0 & \frac{2 n^2}{f_B} & \frac{2}{f_B} & 0 & 0 & \frac{4 n}{f_B} \\ 0 & 0 & \frac{2}{f_R} & 0 & 0 & 0 \\ 0 & 0 & 0 & 0 & 0 & 0 \end{pmatrix}.$

Dann berechne $\mathbf{D} = \mathbf{B} \cdot \mathbf{C}$ und bilde $\mathbf{I} + \mathbf{D}$. Es ist $\text{Det}\,(\mathbf{I} + \mathbf{D}) \neq 0$, und folglich existiert $(\mathbf{I} + \mathbf{D})^{-1}$. Wenn man folgende Vektoren definiert:

$$\hat{\mathbf{V}}(\hat{\boldsymbol{\sigma}}^2) = \begin{pmatrix} \hat{V}(\hat{\sigma}_a^2) \\ \hat{V}(\hat{\sigma}_b^2) \\ \hat{V}(\hat{\sigma}_e^2) \\ \widehat{\text{Cov}}\,(\hat{\sigma}_a^2, \hat{\sigma}_b^2) \\ \widehat{\text{Cov}}\,(\hat{\sigma}_a^2, \hat{\sigma}_e^2) \\ \widehat{\text{Cov}}\,(\hat{\sigma}_b^2, \hat{\sigma}_e^2) \end{pmatrix} \quad \text{und } \hat{\boldsymbol{\gamma}} = \begin{pmatrix} (\hat{\sigma}_a^2)^2 \\ (\hat{\sigma}_b^2)^2 \\ (\hat{\sigma}_e^2)^2 \\ \hat{\sigma}_a^2\, \hat{\sigma}_b^2 \\ \hat{\sigma}_a^2\, \hat{\sigma}_e^2 \\ \hat{\sigma}_b^2\, \hat{\sigma}_e^2 \end{pmatrix},$$

dann ist wieder

$$\hat{\mathbf{V}}(\hat{\boldsymbol{\sigma}}^2) = (\mathbf{I} + \mathbf{D})^{-1}\, \mathbf{D} \hat{\boldsymbol{\gamma}}\,. \tag{3.2.12}$$

Im orthogonalen Fall bei der zweifachen hierarchischen Klassifikation kann man für $\hat{V}(\hat{\sigma}_a^2)$, $\hat{V}(\hat{\sigma}_b^2)$ und für $\hat{V}(\hat{\sigma}_e^2)$ noch einigermaßen übersichtliche allgemeine Darstellungen erhalten:

$$\boxed{\begin{aligned}\hat{V}(\hat{\sigma}_a^2) = \frac{2}{f_A + 2}\Bigg[(\hat{\sigma}_a^2)^2 &+ \frac{f_A + f_B + 4}{s^2 (f_B + 2)} (\hat{\sigma}_b^2)^2 \\ &+ \frac{f_A + f_B + 4}{s^2 n^2 (f_B + 2)} (\hat{\sigma}_e^2)^2 + \frac{2}{s} \hat{\sigma}_a^2 \hat{\sigma}_b^2 + \frac{2}{s\,n} \hat{\sigma}_a^2 \hat{\sigma}_e^2 \\ &+ \frac{2 (f_A + f_B + 4)}{s^2 n (f_B + 2)} \hat{\sigma}_b^2 \hat{\sigma}_e^2\Bigg],\end{aligned}} \tag{3.2.13}$$

$$\boxed{\hat{V}(\hat{\sigma}_b^2) = \frac{2}{f_B + 2}\left[(\hat{\sigma}_b^2)^2 + \frac{f_B + f_R + 4}{n^2 (f_R + 2)} (\hat{\sigma}_e^2)^2 + \frac{2}{n} \hat{\sigma}_b^2 \hat{\sigma}_e^2\right],} \tag{3.2.14}$$

$$\boxed{\hat{V}(\hat{\sigma}_e^2) = \frac{2}{f_R + 2} (\hat{\sigma}_e^2)^2 .} \tag{3.2.15}$$

In dem hier betrachteten Beispiel ist
$\hat{\sigma}_a^2 = 0{,}3652$; $\hat{\sigma}_b^2 = 0{,}1611$; $\hat{\sigma}_e^2 = 0{,}0067$; $s = 3$; $n = 2$; $f_A = 3$; $f_B = 8$; $f_R = 12$. Damit erhält man
$\hat{V}(\hat{\sigma}_a^2) = 0{,}4448$, $\hat{V}(\hat{\sigma}_b^2) = 0{,}0054$, $\hat{V}(\hat{\sigma}_e^2) = 0{,}00000641$
und folglich

$$\begin{aligned}\hat{\sigma}_a^2 \pm \sqrt{\hat{V}(\hat{\sigma}_a^2)} &= 0{,}3652 \pm 0{,}6669 , \\ \hat{\sigma}_b^2 \pm \sqrt{\hat{V}(\hat{\sigma}_b^2)} &= 0{,}1611 \pm 0{,}0735 , \\ \hat{\sigma}_e^2 \pm \sqrt{\hat{V}(\hat{\sigma}_e^2)} &= 0{,}0067 \pm 0{,}0025 .\end{aligned}$$

3.2.3. Zweifache hierarchische Klassifikation, ungleiche Besetzung der Unterklassen (nichtorthogonaler Fall)

Wir betrachten jetzt den Fall, wo in jeder der r Stufen des Faktors A eine verschiedene Anzahl s_i ($i = 1, 2,$

$\ldots, r)$ von Stufen (Unterklassen) des Faktors B enthalten ist und innerhalb einer jeden Stufe des Faktors B verschieden viele Beobachtungen n_{ij} $(i = 1, 2, \ldots, r;$ $j = 1, 2, \ldots, s)$.

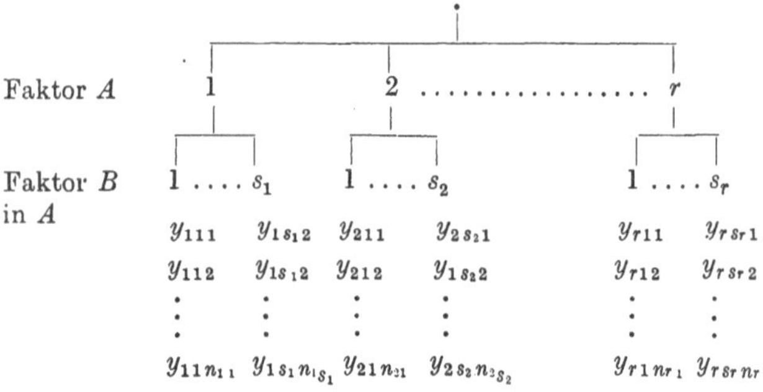

3.2. Abb. 2. Zweifache hierarchische Klassifikation (nichtorthogonaler Fall)

Wir haben r Stufen des Faktors A und insgesamt $\sum_{i=1}^{r} s_i$ Stufen des Faktors B. Die Gesamtzahl der Beobachtungen beträgt $N = \sum_{i=1}^{r} \sum_{j=1}^{s_i} n_{ij}$. Für die ν-te Beobachtung der j-ten Stufe des Faktors B innerhalb der i-ten Stufe des Faktors A nehmen wir folgende Modellgleichung an

$$y_{ij\nu} = \mu + a_i + b_{ij} + e_{ij\nu} \tag{3.2.16}$$

$(i = 1, 2, \ldots, r; \; j = 1, 2, \ldots, s_i; \; \nu = 1, 2, \ldots, n_{ij})$.

Die Voraussetzungen seien: μ ist das allgemeine Mittel; a_i, b_{ij}, $e_{ij\nu}$ gegenseitig unabhängige normalverteilte zufällige Veränderliche mit

$$\begin{aligned} E(a_i) &= 0\,, & V(a_i) &= \sigma_a^2 & &\text{für alle } i\,,\\ E(b_{ij}) &= 0\,, & V(b_{ij}) &= \sigma_b^2 & &\text{für alle } i, j\,,\\ E(e_{ij\nu}) &= 0\,, & V(e_{ij\nu}) &= \sigma_e^2 & &\text{für alle } i, j, \nu\,. \end{aligned}$$

σ_a^2, σ_b^2 und σ_e^2 sind wieder die zu schätzenden Varianzkomponenten.

Das Schätzen der Varianzkomponenten

Wir gehen dabei wieder von der Tabelle der Varianzanalyse aus. Die darin vorkommenden Quadratsummen sind rein formal aus den Quadratsummen des orthogonalen Falles entstanden. Sie liefern erwartungstreue Schätzungen der Varianzkomponenten, sind aber nicht als Quadratsummen zu verstehen, die eine Grundlage für die Anwendung des F-Testes darstellen.

Um die Schätzungen für die Varianzkomponenten zu erhalten muß man wieder $E(MQ)$ bzw. $E(SQ)$ bilden, was im nichtorthogonalen Fall mit großen Schwierigkeiten verbunden ist. Wir geben nur die Ergebnisse an, d. h. die erwartungstreuen Schätzungen für σ_a^2, σ_b^2 und σ_e^2 und deuten weiter unten an, wie man vorgehen müßte, um die $E(SQ)$ zu ermitteln, (Tab. 4 s. S. 136).

$$Y_{ij\cdot} = \sum_{\nu=1}^{n_{ij}} y_{ij\nu}\,, \quad Y_{i\cdot\cdot} = \sum_{j=1}^{s_i} Y_{ij\cdot} = \sum_{j=1}^{s_i}\sum_{\nu=1}^{n_{ij}} y_{ij\nu}\,,$$

$$Y_{\cdot\cdot\cdot} = \sum_{i=1}^{r}\sum_{j=1}^{s_i}\sum_{\nu=1}^{n_{ij}} y_{ij\nu}\,,$$

$$n_{i\cdot} = \sum_{j=1}^{s_i} n_{ij}\,, \quad N = \sum_{i=1}^{r}\sum_{j=1}^{s_i} n_{ij}\,.$$

Die Koeffizienten k_{11}, k_{12} und k_{22} sind wie folgt erklärt:

$$k_{11} = \frac{1}{r-1}\left(N - \frac{1}{N}\sum_{i=1}^{r} n_{i\cdot}^2\right),$$

$$k_{12} = \frac{1}{r-1}\left[\sum_{i=1}^{r}\left(\sum_{j=1}^{s_i} n_{ij}^2/n_{i\cdot}\right) - \frac{1}{N}\sum_{i=1}^{r}\sum_{j=1}^{s_i} n_{ij}^2\right],$$

$$k_{22} = \frac{1}{\sum_{i=1}^{r} s_i - r}\left[N - \sum_{i=1}^{r}\left(\sum_{j=1}^{s_i} n_{ij}^2/n_{i\cdot}\right)\right].$$

3.2.

Tabelle 4

SQ	FG	MQ	$E(MQ)$
$SQ_A = \sum_{i=1}^{r} \frac{Y_{i..}^2}{n_{i.}} - \frac{Y_{...}^2}{N}$	$f_A = r - 1$	$SQ_A/f_A = MQ_A$	$k_{11}\sigma_a^2 + k_{12}\sigma_b^2 + \sigma_e^2$
$SQ_B = \sum_{i=1}^{r}\sum_{j=1}^{s_i} \frac{Y_{ij.}^2}{n_{ij}} - \sum_{i=1}^{r} \frac{Y_{i..}^2}{n_{i.}}$	$f_B = \sum_{i=1}^{r} s_i - r$	$SQ_B/f_B = MQ_B$	$+ k_{22}\sigma_b^2 + \sigma_e^2$
$SQ_R = \sum_{i=1}^{r}\sum_{j=1}^{s_i}\sum_{v=1}^{n_{ij}} y_{ijv}^2 - \sum_{i=1}^{r}\sum_{j=1}^{s_i} \frac{Y_{ij.}^2}{n_{ij}}$	$f_R = N - \sum_{i=1}^{r} s_i$	$SQ_R/f_R = MQ_R$	σ_e^2

Die beiden letzten Spalten der Tabelle 4 ergeben das Gleichungssystem

$$\begin{aligned} MQ_A &= k_{11}\,\hat{\sigma}_a^2 + k_{12}\,\hat{\sigma}_b^2 + \hat{\sigma}_e^2\,, \\ MQ_B &= \phantom{k_{11}\,\hat{\sigma}_a^2 + {}} k_{22}\,\hat{\sigma}_b^2 + \hat{\sigma}_e^2\,, \\ MQ_R &= \phantom{k_{11}\,\hat{\sigma}_a^2 + k_{12}\,\hat{\sigma}_b^2 + {}} \hat{\sigma}_e^2\,. \end{aligned}$$

Nach Auflösung erhält man die erwartungstreuen Schätzungen $\hat{\sigma}_a^2$, $\hat{\sigma}_b^2$ und $\hat{\sigma}_e^2$ der Varianzkomponenten:

$$\boxed{\begin{aligned} \hat{\sigma}_e^2 &= MQ_R\,, \\ \hat{\sigma}_b^2 &= \frac{1}{k_{22}}\,[MQ_B - MQ_R]\,, \\ \hat{\sigma}_a^2 &= \frac{1}{k_{11}}\left[MQ_A - \frac{k_{12}}{k_{22}}\,MQ_B - \left(1 - \frac{k_{12}}{k_{22}}\right) M\,Q_R\right]. \end{aligned}} \tag{3.2.17}$$

Man prüft leicht nach, daß der orthogonale Fall als Spezialfall im nichtorthogonalen enthalten ist. Wenn $n_{ij} = n$ für alle i, j und $s_i = s$ für alle i, so erhält man $k_{11} = s\,n$; $k_{12} = n$; $k_{22} = n$ und damit die Schätzungen (3.2.3) für den orthogonalen Fall.

Hinweise zur Berechnung von $E(SQ)$

Die letzte Spalte $E(MQ)$ in der Tabelle der Varianzanalyse erfordert die Berechnung von $E(SQ)$, weil $E(M\,Q) = E(S\,Q/F\,G) = \frac{1}{F\,G}\,E(S\,Q)$. Schreibt man die Quadratsummen als quadratische Formen $\mathbf{y}'\,\mathbf{Q}\,\mathbf{y}$ normalverteilter zufälliger Veränderlicher, deren Kovarianzmatrix $\mathbf{V}$ bekannt ist, so kann man wieder Formel (3.1.24) zur Anwendung bringen und die Berechnung von $E(S\,Q)$ reduziert sich auf die Spurenbildung der Matrizen $\mathbf{V}\,\mathbf{Q}$; d. h.

$$E(S\,Q) = E(\mathbf{y}'\,\mathbf{Q}\,\mathbf{y}) = \mathrm{Sp}\,(\mathbf{V}\,\mathbf{Q})\,.$$

Die Quadratsummen in der Tabelle der Varianzanalyse lassen sich wie folgt als quadratische Formen schreiben

3.2. *Tabelle 5*

SQ	FG
$SQ_A = \mathbf{y}'(\widetilde{\mathbf{A}} - \widetilde{\mathbf{G}})\,\mathbf{y}$	f_A
$SQ_B = \mathbf{y}'(\widetilde{\mathbf{B}} - \widetilde{\mathbf{A}})\,\mathbf{y}$	f_B
$SQ_R = \mathbf{y}'(\mathbf{I} - \widetilde{\mathbf{B}})\,\mathbf{y}$	f_R

Dabei ist

$$\mathbf{y}' = (y_{111}, \ldots, y_{11n_{11}}, y_{121}, \ldots, y_{12n_{12}}, \ldots, y_{rsn_{rs}})$$

der Vektor der N Beobachtungsgrößen $y_{ij\nu}$ und die Matrizen $\widetilde{\mathbf{A}}$, $\widetilde{\mathbf{B}}$ und $\widetilde{\mathbf{G}}$ sind quadratische Matrizen vom Typ (N, N). $\mathbf{I}$ ist die Einheitsmatrix. Wenn man unter

$$\mathbf{g}_{(n_{ij},\, n_{lm})} \underset{\text{Def}}{=} \mathbf{g}_{iljm}$$

$$(i, l = 1, 2, \ldots, r; \qquad j, m = 1, 2, \ldots, s_i)$$

Matrizen versteht, die aus lauter Einsen bestehen, und vom Typus (n_{ij}, n_{lm}) sind, dann setzen sich die Matrizen $\widetilde{\mathbf{A}}$, $\widetilde{\mathbf{B}}$ und $\widetilde{\mathbf{G}}$ aus den Untermatrizen $\mathbf{g}_{iljm}$ in folgender Weise zusammen:

$$\widetilde{\mathbf{A}} : \delta_{il} \frac{1}{n_{i.}} \mathbf{g}_{iljm}$$

$$(i, l = 1, 2, \ldots, r; \quad j, m = 1, 2, \ldots, s_i)\,,$$

$$\widetilde{\mathbf{B}} : \delta_{il}\, \delta_{jm} \frac{1}{n_{ij}} \mathbf{g}_{iljm}$$

(δ_{il}, δ_{jm} sind als Kroneckersymbole zu verstehen),

$$\widetilde{\mathbf{G}} : \frac{1}{N} \mathbf{g}_{iljm}\,.$$

Man kann wieder beweisen, daß sich die Kovarianzmatrix $\mathbf{V}$ wie folgt zerlegen läßt

$$\mathbf{V} = \sigma_e^2\,\mathbf{I} + \sigma_a^2\,\mathbf{A} + \sigma_b^2\,\mathbf{B}\,.$$

Dabei setzen sich die Matrizen **A** und **B** aus den Untermatrizen $\mathfrak{g}_{iljm}$ in folgender Weise zusammen:

$$\mathbf{A} : \delta_{il}\, \mathfrak{g}_{iljm} ,$$

$$\mathbf{B} : \delta_{il}\, \delta_{jm}\, \mathfrak{g}_{iljm} .$$

Da sehr leicht zu sehen ist, daß für das Produkt zweier Matrizen aus lauter Einsen gilt

$$\mathfrak{g}_{il'jm'} \cdot \mathfrak{g}_{l'lm'm} = n_{l'm'}\, \mathfrak{g}_{iljm} ,$$

ist bei Beachtung des Kalküls für die Produktbildung von Matrizen, die sich aus Untermatrizen zusammensetzen die Berechnung von $E(S\,Q)$ sehr übersichtlich und ohne großen Aufwand zu bewältigen. Man hat folgende Berechnungen durchzuführen:

$$\begin{aligned} E(S\,Q_A) &= \mathrm{Sp}\,[\mathbf{V}(\widetilde{\mathbf{A}} - \widetilde{\mathbf{G}})] = \sigma_a^2\, \mathrm{Sp}\,[\mathbf{A}(\widetilde{\mathbf{A}} - \widetilde{\mathbf{G}})] \\ &\quad + \sigma_b^2\, \mathrm{Sp}\,[\mathbf{B}(\widetilde{\mathbf{A}} - \widetilde{\mathbf{G}})] + \sigma_e^2\, \mathrm{Sp}\,(\widetilde{\mathbf{A}} - \widetilde{\mathbf{G}}) , \\ E(S\,Q_B) &= \mathrm{Sp}\,[\mathbf{V}(\widetilde{\mathbf{B}} - \widetilde{\mathbf{A}})] = \sigma_a^2\, \mathrm{Sp}\,[\mathbf{A}(\widetilde{\mathbf{B}} - \widetilde{\mathbf{A}})] \\ &\quad + \sigma_b^2\, \mathrm{Sp}\,[\mathbf{B}(\widetilde{\mathbf{B}} - \widetilde{\mathbf{A}})] + \sigma_e^2\, \mathrm{Sp}\,(\widetilde{\mathbf{B}} - \widetilde{\mathbf{A}}) , \\ E(S\,Q_R) &= \mathrm{Sp}\,[\mathbf{V}(\mathbf{I} - \widetilde{\mathbf{B}})] = \sigma_a^2\, \mathrm{Sp}\,[\mathbf{A}(\mathbf{I} - \widetilde{\mathbf{B}})] \\ &\quad + \sigma_b^2\, \mathrm{Sp}\,[\mathbf{B}(\mathbf{I} - \widetilde{\mathbf{B}})] + \sigma_e^2\, \mathrm{Sp}\,(\mathbf{I} - \widetilde{\mathbf{B}}) . \end{aligned}$$

Der oben betrachtete orthogonale Fall ergibt sich wieder als Spezialfall. Die Matrizen $\mathfrak{g}_{iljm}$ sind dann quadratisch vom Typ (n, n).

Die Intraklasskorrelationen

Setzt man für die beiden möglichen Intraklasskorrelationskoeffizienten

$$\varrho_1 = \varrho_{y_{ij\nu},\, y_{ij\nu'}} = \frac{\sigma_a^2 + \sigma_b^2}{\sigma_a^2 + \sigma_b^2 + \sigma_e^2} \qquad (\nu \neq \nu')$$

und

$$\varrho_2 = \varrho_{y_{ij\nu},\, y_{ij'\nu'}} = \frac{\sigma_a^2}{\sigma_a^2 + \sigma_b^2 + \sigma_e^2} \quad (j \neq j',\ \nu = \nu' \text{ möglich})$$

die geschätzten Varianzkomponenten ein, so erhält man

3.2.

Tabelle 6

Meßwerte

i	j	$y_{ij\nu}$		n_{ij}	$n_{i\cdot}$	n_{ij}^2	$n_{i\cdot}^2$	$n_{ij}^2/n_{i\cdot}$
	1	3,28		1		1		
1	2	3,52	3,48	2		4		
	3		2,80	1	4	1	16	6/4
	1	2,46	2,44	2		4		
2	2	1,87	1,92	2		4		
	3	2,19		1	5	1	25	9/5
	1	2,77	2,66	2		4		
3	2		3,44	1		1		
	3	2,55	2,55	2	5	4	25	9/5
	1	3,78		1		1		
4	2	4,07		1		1		
	3	3,31	3,31	2	4	4	16	6/4
					$N = 18$	$\sum_{i,j} n_{ij}^2 = 30$	$\sum_i n_{i\cdot}^2 = 82$	$\sum_{i=1}^{r} \sum_{j=1}^{s_i} n_{ij}^2/n_{i\cdot} = 6,6$

für ϱ_1 und ϱ_2 folgende Schätzungen:

$$\hat{\varrho}_1 = \frac{k_{22}\, M\, Q_A + (k_{11} - k_{12})\, M\, Q_B + (k_{12} - k_{11} - k_{22})\, M\, Q_R}{K},$$

$$\hat{\varrho}_2 = \frac{k_{22}\, M\, Q_A - k_{12}\, M\, Q_B + (k_{12} - k_{22})\, M\, Q_R}{K} \qquad (3.2.18)$$

$$K = k_{22} M\, Q_A + (k_{11} - k_{12})\, M\, Q_B + [(k_{11}-1)(k_{22}-1) + k_{12} - 1]\, M\, Q_R .$$

Beispiele

(1) Es handelt sich wieder um das Beispiel der Messungen von Kalziumkonzentrationen im Blattwerk von Zuckerrüben. Es mögen jetzt nur einige Meßwerte verlorengegangen sein, d. h., es liegt der nichtorthogonale Fall vor (Tab. 6 s. S. 140).
In diesem Falle sind alle $s_i = s = 3$. Aus den Meßwerten stellt man folgende Tabelle der Varianzanalyse auf:

3.2. *Tabelle 7*

SQ	FG	MQ	$E(MQ)$
$S\,Q_A = 5{,}280$	$f_A = 3$	1,760	$4{,}5\,\sigma_a^2 + 1{,}6\,\sigma_b^2 + \sigma_e^2$
$S\,Q_B = 1{,}604$	$f_B = 8$	0,201	$1{,}4\,\sigma_b^2 + \sigma_e^2$
$S\,Q_R = 0{,}012$	$f_R = 6$	0,002	σ_e^2

Die Werte für k_{11}, k_{12} und k_{22} erhält man am besten auf die in Tabelle 6 angegebene Weise.

Aus dem Gleichungssystem

$$\begin{aligned} 1{,}760 &= 4{,}5\,\hat{\sigma}_a^2 + 1{,}6\,\hat{\sigma}_b^2 + \hat{\sigma}_e^2 , \\ 0{,}201 &= 1{,}4\,\hat{\sigma}_b^2 + \hat{\sigma}_e^2 , \\ 0{,}002 &= \hat{\sigma}_e^2 \end{aligned}$$

gewinnt man die Schätzungen

$$\begin{aligned} \hat{\sigma}_a^2 &= 0{,}3413 , \\ \hat{\sigma}_b^2 &= 0{,}1393 , \\ \hat{\sigma}_e^2 &= 0{,}0020 . \end{aligned}$$

Als Schätzungen für ϱ_1 und ϱ_2 ergeben sich

$$\hat{\varrho}_1 = 0{,}9958 ,$$
$$\hat{\varrho}_2 = 0{,}7072 .$$

(2) Wir betrachten ein Beispiel aus der Pflanzenzüchtung.[1]) Es wurden im Jahre 1963 biparentale Kreuzungen im Rahmen eines Experiments I von Comstock und Robinson (1948) in einer Gleichgewichtspopulation von *Zea mays convar indurata* vorgenommen. Die Nachkommenschaften wurden 1964 angebaut und im Blattstadium Längenmessungen von Einzelpflanzen innerhalb der Vollgeschwisterfamilien vorgenommen.

Die Nachkommenschaften wurden wie folgt klassifiziert: 20 Sätze zu je 4 Vatergruppen (Halbgeschwisterfamilien), je Vater gab es 4 bzw. 3 Mütter. Der Umfang einer Mutternachkommenschaft (Vollgeschwisterfamilien) war sehr unterschiedlich.

Die Experimente sind sehr umfangreich, wir kürzen die Versuchsanlage um den Faktor „Sätze“ ab und erhalten dann eine zweifache hierarchische Klassifikation (nichtorthogonaler Fall).

Wir betrachten $r = 4$ Väter (Faktor A); je Vater s_i $(i = 1, 2, \ldots, r)$ Mütter (Faktor B in A) und je Mutter n_{ij} Nachkommen. Man erhält folgende Tabelle von Meßwerten (Tab. 8 s. S. 143).
Es gilt folgende Modellgleichung

$$y_{ij\nu} = \mu + a_i + b_{ij} + e_{ij\nu}$$

$$(i = 1, 2, 3, 4, \quad j = 1, 2, \ldots, s_i; \quad \nu = 1, 2, \ldots, n_{ij})$$

mit μ als allgemeinem Mittel, a_i $(i = 1, 2, 3, 4)$ als Vatereffekte (zufällige Veränderliche), b_{ij} Püttereffekte innerhalb eines Vaters (zufällige Veränderliche), $e_{ij\nu}$ Beobachtungsfehler.

---

[1]) Es handelt sich um Ergebnisse des Instituts für Pflanzenzüchtung der Deutschen Akademie der Landwirtschaftswissenschaften zu Berlin, Groß-Lüsewitz.

3.2. *Tabelle 8*

Meßwerte

i	j	$y_{ij\nu}$	$Y_{ij.}$	$Y_{i..}$	n_{ij}	$n_{i.}$
1	1	85 78 74 80	317		4	
	2	88 82 88 86 92	436		5	
	3	91 89 91 82	353		4	
	4	84 86 90	260	1366	3	16
2	1	91 92 91 83 88	445		5	
	2	74 83 80 94 96	427		5	
	3	62 75 95 78	310	1182	4	14
3	1	82 70 71	223		3	
	2	69 63 69 80	281	504	4	7
4	1	61 88 70 72	291		4	
	2	67 64 62 80	273		4	
	3	83 61 72 66 77	359	923	5	13
				$Y_{...} = 3975$	$N = 50$	

Über die Voraussetzungen der zufälligen Veränderlichen a_i, b_{ij} und $e_{ij\nu}$ siehe Abschnitt 3.2.2.

Es sind folgende Varianzkomponenten zu schätzen:

$$\sigma_a^2 = \sigma^2_{\text{Väter}}\,, \quad \sigma_b^2 = \sigma^2_{\text{Mütter}}\,, \quad \sigma_e^2 = \sigma^2_{\text{Nachkommen}}\,.$$

Nach Verrechnung erhält man die Tabelle der Varianzanalyse (Tab. 9 s. S. 144).

Es ist also $k_{11} = 12{,}20$; $k_{12} = 4{,}17$; $k_{22} = 4{,}15$. Aus dem Gleichungssystem

$$\begin{aligned} 741{,}67 &= 12{,}20\,\hat\sigma_a^2 + 4{,}17\,\hat\sigma_b^2 + \hat\sigma_e^2\,, \\ 72{,}30 &= 4{,}15\,\hat\sigma_b^2 + \hat\sigma_e^2\,, \\ 59{,}65 &= \hat\sigma_e^2 \end{aligned}$$

erhält man die folgenden Schätzungen

$$\hat\sigma_a^2 = 54{,}88;\ \hat\sigma_b^2 = 3{,}05;\ \hat\sigma_e^2 = 59{,}65\,.$$

3.2.

Tabelle 9

SQ	FG	MQ	$E(MQ)$
$SQ_A = SQ_{\text{Väter}} = 2227,24$	$f_A = 3$	741,67	$12,20\,\sigma_a^2 + 4,17\,\sigma_b^2 + \sigma_e^2$
$SQ_B = SQ_{\text{Mütter}} = 578,40$	$f_B = 8$	72,30	$4,15\,\sigma_b^2 + \sigma_e^2$
$SQ_R = SQ_{\text{Nachk.}} = 2266,78$	$f_R = 38$	59,65	σ_e^2

Die Schätzungen für ϱ_2 und ϱ_2 lauten

$$\hat{\varrho}_1 = \frac{\hat{\sigma}_a^2 + \hat{\sigma}_b^2}{\hat{\sigma}_a^2 + \hat{\sigma}_b^2 + \hat{\sigma}_e^2} = 0{,}493\,,$$

$$\hat{\varrho}_2 = \frac{\hat{\sigma}_a^2}{\hat{\sigma}_a^2 + \hat{\sigma}_b^2 + \hat{\sigma}_e^2} = 0{,}467\,.$$

3.2.4. Stichprobenvarianzen geschätzter Varianzkomponenten

Im orthogonalen Fall lassen sich für $\hat{V}(\hat{\sigma}_a^2)$, $\hat{V}(\hat{\sigma}_b^2)$ und $\hat{V}(\hat{\sigma}_e^2)$ noch geschlossene Ausdrücke angeben, wie in (3.2.13), (3.2.14) und (3.2.15). Im nichtorthogonalen Fall werden Ausdrücke dieser Art zu unübersichtlich. Es erscheint zweckmäßiger, die Matrizen **B** und **C** anzugeben, damit $\mathbf{B} \cdot \mathbf{C} = \mathbf{D}$ zu bilden und Formel (3.2.12) zu benutzen.

Im nichtorthogonalen Fall der zweifachen hierarchischen Klassifikation erhalten wir (siehe Ahrens (1965))

$$\mathbf{B} = \begin{pmatrix} \frac{1}{k_{11}^2} & \frac{k_{12}^2}{k_{11}^2\, k_{22}^2} & \frac{(k_{12} - k_{22})^2}{k_{11}^2\, k_{22}^2} & -\frac{2\, k_{12}}{k_{11}^2\, k_{22}} \\ 0 & \frac{1}{k_{22}^2} & \frac{1}{k_{22}^2} & 0 \\ 0 & 0 & 1 & 0 \\ 0 & -\frac{k_{12}}{k_{11}\, k_{22}^2} & -\frac{k_{12} - k_{22}}{k_{11}\, k_{22}^2} & \frac{1}{k_{11}\, k_{22}} \\ 0 & 0 & \frac{k_{12} - k_{22}}{k_{11}\, k_{22}} & 0 \\ 0 & 0 & -\frac{1}{k_{22}} & 0 \end{pmatrix},$$

$$\mathbf{C} = \begin{pmatrix} c_{11} & c_{12} & c_{13} & c_{14} & c_{15} & c_{16} \\ 0 & c_{22} & c_{23} & 0 & 0 & c_{26} \\ 0 & 0 & c_{33} & 0 & 0 & 0 \\ 0 & c_{42} & 0 & 0 & 0 & 0 \end{pmatrix}$$

mit

$$c_{11} = \frac{2}{f_A^2}\left\{\sum_i n_{i\cdot}^2 - \frac{2}{N}\sum_i n_{i\cdot}^3 + \frac{1}{N^2}\left(\sum_i n_{i\cdot}^2\right)^2\right\},$$

$$c_{12} = \frac{2}{f_A^2}\left\{\sum_{i=1}^{r}\left[\sum_{j=1}^{s_i}\frac{n_{ij}^2}{n_{i\cdot}}\right]^2 - \frac{2}{N}\sum_{i=1}^{r}\frac{\left(\sum_{i=1}^{s_i} n_{ij}^2\right)^2}{n_{i\cdot}} + \frac{1}{N^2}\left(\sum_i\sum_j n_{ij}^2\right)^2\right\},$$

$$c_{13} = \frac{2}{f_A},$$

$$c_{14} = \frac{4}{f_A^2}\left\{\sum_i\sum_j n_{ij}^2 - \frac{2}{N}\sum_i\sum_j n_{ij}^2 n_{i\cdot} + \frac{1}{N^2}\sum_i\sum_j n_{ij}^2 \sum_i n_{i\cdot}^2\right\},$$

$$c_{15} = \frac{4}{f_A^2}\left\{N - \frac{1}{N}\sum n_{i\cdot}^2\right\},$$

$$c_{16} = \frac{4}{f_A^2}\left\{\sum_i\sum_j \frac{n_{ij}^2}{n_{i\cdot}} - \frac{1}{N}\sum_i\sum_j n_{ij}^2\right\},$$

$$c_{22} = \frac{2}{f_B^2}\left\{\sum_i\sum_j n_{ij}^2 - \sum_i\sum_j \frac{n_{ij}^3}{n_{i\cdot}}\right\},$$

$$c_{23} = \frac{2}{f_B},$$

$$c_{26} = \frac{4}{f_B^2}\left\{N - \sum_i\sum_j \frac{n_{ij}^2}{n_{i\cdot}}\right\},$$

$$c_{33} = \frac{2}{f_R},$$

$$c_{42} = \frac{2}{f_A f_B}\left\{\sum_i\sum_j \frac{n_{ij}^3}{n_{i\cdot}} - \sum_i\left[\frac{\sum_j n_{ij}^2}{n_{i\cdot}}\right]^2 - \frac{1}{N}\sum_i\sum_j n_{ij}^3 + \frac{1}{N}\sum_i \frac{\left(\sum_j n_{ij}^2\right)^2}{n_{i\cdot}}\right\}.$$

Dabei ist $n_{i\cdot} = \sum_{j=1}^{s_i} n_{ij}$. Definiert man wieder wie in Abschnitt 3.2.2 die Vektoren $\hat{\mathbf{V}}(\hat{\sigma}^2)$ und $\hat{\gamma}$, dann erhält man aus $\mathbf{B}\cdot\mathbf{C} = \mathbf{D}$ und $(\mathbf{I}+\mathbf{D})^{-1}\mathbf{D}$ nach der Formel

$$\hat{\mathbf{V}}(\hat{\sigma}^2) = (\mathbf{I}+\mathbf{D})^{-1}\mathbf{D}\,\hat{\gamma}$$

die Stichprobenvarianzen und -kovarianzen der geschätzten Varianzkomponenten.

Für das Beispiel der gemessenen Kalziumkonzentrationen gilt

$$\hat{V}(\hat{\sigma}_a^2) = 0{,}062493\,, \qquad \sqrt{\hat{V}(\hat{\sigma}_a^2)} = 0{,}250\,,$$
$$\hat{V}(\hat{\sigma}_b^2) = 0{,}004323\,, \qquad \sqrt{\hat{V}(\hat{\sigma}_b^2)} = 0{,}066\,,$$
$$\hat{V}(\hat{\sigma}_e^2) = 0{,}000001\,, \qquad \sqrt{\hat{V}(\hat{\sigma}_e^2)} = 0{,}001\,.$$

Man kann leicht nachprüfen, daß der orthogonale Fall als Spezialfall im nichtorthogonalen Fall enthalten ist. Setzt man alle $n_{ij} = n$ und $s_i = s$ (wie es in diesem Beispiel ohnehin schon der Fall war), so erhält man aus den Elementen $c_{\nu\mu}$ der Matrix **C** die Elemente der Matrix **C** für den orthogonalen Fall (siehe Abschnitt 3.2.2).

Da $n_{i.} = \sum_j^{s_i} n_{ij} = \sum_{j=1}^{s} n = s\,n$ und $N = r \cdot s \cdot n$, so gilt z. B. für

$$c_{11} = \frac{2}{f_A^2}\left(r\,s^2\,n^2 - \frac{2}{r\,s\,n} \cdot r\,s^3\,n^3 + \frac{1}{r^2\,s^2\,n^2}\,r^2\,s^4\,n^4\right)$$
$$= \frac{2}{f_A^2}\,s^2\,n^2\,(r-1) = \frac{2\,s^2\,n^2}{f_A^2}\,f_A = \frac{2\,s^2\,n^2}{f_A}$$

(vgl. mit dem Element c_{11} von Matrix **C** im orthogonalen Fall, Abschnitt 3.2.2). Wie wir schon zeigten, ist für den orthogonalen Fall $k_{11} = s\,n$, $k_{12} = k_{22} = n$ und somit geht die Matrix **B** für gleiche n_{ij} und gleiche s_i in die Matrix **B** des orthogonalen Falles über.

3.3. Dreifache hierarchische Klassifikation

Die dreifache hierarchische Klassifikation ist eine direkte Erweiterung der zweifachen hierarchischen Klassifikation. Im orthogonalen Fall treten keine wesentlichen Besonderheiten auf. Erst der nichtorthogonale Fall ergibt Änderungen.

Versuchsanlagen dieser Art finden häufig in genetischen Experimenten Verwendung.

3.3.1. Dreifache hierarchische Klassifikation, gleiche Besetzung der Unterklassen (orthogonaler Fall)

Es werden q Stufen eines Faktors A und innerhalb jeder Stufe von A werden r Stufen (Unterklassen) eines Faktors B betrachtet. Jede Stufe des Faktors B unterteilt sich noch einmal in s Stufen (Unterklassen) eines Faktors C. In jeder dieser Stufen von Faktor C werden n Meßwerte betrachtet. Die folgende Skizze veranschaulicht den eben geschilderten Sachverhalt.

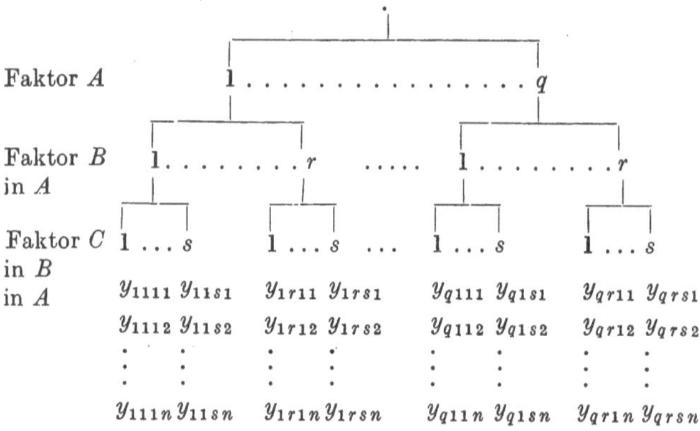

3.3. Abb. 1. Dreifache hierarchische Klassifikation (orthogonaler Fall)

Es gibt insgesamt $N = q\,r\,s\,n$ Beobachtungswerte. Für die ν-te Beobachtung der j-ten Stufe des Faktors C innerhalb der i-ten Stufe des Faktors B innerhalb der h-ten Stufe des Faktors A nehmen wir folgende Modellgleichung an

$$y_{hij\nu} = \mu + a_h + b_{hi} + c_{hij} + e_{hij\nu} \qquad (3.3.1)$$

$$(h = 1, 2, \ldots, q;\ i = 1, 2, \ldots, r;\ j = 1, 2, \ldots, s;\ \nu = 1, 2, \ldots, n)\,.$$

μ ist das allgemeine Mittel, die zufälligen Veränderlichen a_h, b_{hi}, c_{hij} und $e_{hij\nu}$ sind nichtkorrelierend mit dem Erwartungswert 0 und den Varianzen

$$\sigma_a^2, \sigma_b^2, \sigma_c^2 \text{ und } \sigma_e^2 .$$

Setzt man Normalverteilung für die zufälligen Veränderlichen a_h, b_{hi}, c_{hij} und $e_{hij\nu}$ voraus, so sind sie auch stochastisch unabhängig.

Das Schätzen der Varianzkomponenten

Man geht von der Tabelle der Varianzanalyse aus und berechnet $E(M\,Q)$ (Tab. 1 s. S. 150).

$$Y_{hij\cdot} = \sum_{\nu=1}^{n} y_{hij\nu}, \quad Y_{hi\cdot\cdot} = \sum_{j=1}^{s} \sum_{\nu=1}^{n} y_{hij\nu},$$

$$Y_{h\cdots} = \sum_{i=1}^{r} \sum_{j=1}^{s} \sum_{\nu=1}^{n} y_{hij\nu}, \quad Y_{\cdots\cdot} = \sum_{h=1}^{q} \sum_{i=1}^{r} \sum_{j=1}^{s} \sum_{\nu=1}^{n} y_{hij\nu},$$

$$N = q\,r\,s\,n .$$

Aus den letzten beiden Spalten der Tabelle 1 erhält man das Gleichungssystem

$$\begin{aligned} M\,Q_A &= r\,s\,n\,\hat{\sigma}_a^2 + s\,n\,\hat{\sigma}_b^2 + n\,\hat{\sigma}_c^2 + \hat{\sigma}_e^2 ,\\ M\,Q_B &= s\,n\,\hat{\sigma}_b^2 + n\,\hat{\sigma}_c^2 + \hat{\sigma}_e^2 ,\\ M\,Q_C &= n\,\hat{\sigma}_c^2 + \hat{\sigma}_e^2 ,\\ M\,Q_R &= \hat{\sigma}_e^2 . \end{aligned}$$

Die Lösung dieses Gleichungssystems ergibt die Schätzungen der Varianzkomponenten:

$$\boxed{\begin{aligned} \hat{\sigma}_e^2 &= M\,Q_R ,\\ \hat{\sigma}_c^2 &= \frac{1}{n}(M\,Q_C - M\,Q_R) ,\\ \hat{\sigma}_b^2 &= \frac{1}{s\,n}(M\,Q_B - M\,Q_C) ,\\ \hat{\sigma}_a^2 &= \frac{1}{r\,s\,n}(M\,Q_A - M\,Q_B) . \end{aligned}} \tag{3.3.2}$$

3.3.

Tabelle 1

Varianzanalyse der dreifachen hierarchischen Klassifikation (orthogonaler Fall)

SQ	FG	MQ	$E(MQ)$
$SQ_A = \sum_{h=1}^{q} \frac{Y_{h\cdots}^2}{r s n} - \frac{Y_{\cdots\cdot}^2}{N}$	$f_A = q - 1$	$SQ_A/f_A = MQ_A$	$r s n \sigma_a^2 + s n \sigma_b^2 + n \sigma_c^2 + \sigma_e^2$
$SQ_B = \sum_{h=1}^{q} \sum_{i=1}^{r} \frac{Y_{hi\cdot\cdot}^2}{s n} - \sum_{h=1}^{q} \frac{Y_{h\cdots}^2}{r s n}$	$f_B = q(r-1)$	$SQ_B/f_B = MQ_B$	$s n \sigma_b^2 + n \sigma_c^2 + \sigma_e^2$
$SQ_C = \sum_{h=1}^{q} \sum_{i=1}^{r} \sum_{j=1}^{s} \frac{Y_{hij\cdot}^2}{n} - \sum_{h=1}^{q} \sum_{i=1}^{r} \frac{Y_{hi\cdot\cdot}^2}{s n}$	$f_C = q r (s-1)$	$SQ_C/f_C = MQ_C$	$n \sigma_c^2 + \sigma_e^2$
$SQ_R = \sum_{h=1}^{q} \sum_{i=1}^{r} \sum_{j=1}^{s} \sum_{\nu=1}^{n} y_{hij\nu}^2 - \sum_{h=1}^{q} \sum_{i=1}^{r} \sum_{j=1}^{s} \frac{Y_{hij\cdot}^2}{n}$	$f_R = N - q r s$	$SQ_R/f_R = MQ_R$	σ_e^2

Die Intraklasskorrelationen

Auf Grund der Abhängigkeiten zwischen den Beobachtungsgrößen innerhalb derselben Unterklassen erhält man folgende Intraklasskorrelationskoeffizienten:

$$\varrho_{y_{hij\nu}, y_{hij\nu'}} = \varrho_1 = \frac{\sigma_a^2 + \sigma_b^2 + \sigma_c^2}{\sigma_a^2 + \sigma_b^2 + \sigma_c^2 + \sigma_e^2},$$

$$\varrho_{y_{hij\nu}, y_{hij'\nu'}} = \varrho_2 = \frac{\sigma_a^2 + \sigma_b^2}{\sigma_a^2 + \sigma_b^2 + \sigma_c^2 + \sigma_e^2}$$

$$(j \neq j', \quad \nu = \nu' \text{ möglich}),$$

$$\varrho_{y_{hij\nu}, y_{hi'j'\nu'}} = \varrho_3 = \frac{\sigma_a^2}{\sigma_a^2 + \sigma_b^2 + \sigma_c^2 + \sigma_e^2}$$

$$(i \neq i'; \; j = j', \quad \nu = \nu' \text{ möglich}),$$

deren Schätzungen wie folgt lauten:

$$\left.\begin{aligned}
\hat{\varrho}_1 &= \frac{\hat{\sigma}_a^2 + \hat{\sigma}_b^2 + \hat{\sigma}_c^2}{\hat{\sigma}_a^2 + \hat{\sigma}_b^2 + \hat{\sigma}_c^2 + \hat{\sigma}_e^2} \\
&= \frac{MQ_A + (r-1)\, MQ_B + r\,(s-1)\, MQ_C - r\,s\, MQ_R}{MQ_A + (r-1)\, MQ_B + r\,(s-1)\, MQ_C + r\,s\,(n-1)\, MQ_R}, \\
\hat{\varrho}_2 &= \frac{\hat{\sigma}_a^2 + \hat{\sigma}_b^2}{\hat{\sigma}_a^2 + \hat{\sigma}_b^2 + \hat{\sigma}_c^2 + \hat{\sigma}_e^2} \\
&= \frac{MQ_A + (r-1)\, MQ_B - r\, MQ_C}{MQ_A + (r-1)\, MQ_B + r\,(s-1)\, MQ_C + r\,s\,(n-1)\, MQ_R}, \\
\varrho_3 &= \frac{\hat{\sigma}_a^2}{\hat{\sigma}_a^2 + \hat{\sigma}_b^2 + \hat{\sigma}_c^2 + \hat{\sigma}_e^2} \\
&= \frac{MQ_A - MQ_B}{MQ_A + (r-1)\, MQ_B + r\,(s-1)\, MQ_C + r\,s\,(n-1)\, MQ_R}.
\end{aligned}\right\} \quad (3.3.)$$

Beispiel

Wir betrachten wieder das Beispiel der biparentalen Kreuzungen in einer Gleichgewichtspopulation von *Zea mays convar indurata*. Es handelt sich um Längenmessungen von Einzelpflanzen innerhalb von Vollgeschwisterfamilien. Jetzt wurde der Faktor „Sätze“

mit in Betracht gezogen, und zwar auf $q = 3$ Stufen (in Wirklichkeit handelte es sich um 20 Sätze, das Beispiel wurde hier aber gekürzt). Je Satz 4 Vaterpflanzen, pro Vaterpflanze 4 Mutterpflanzen und insgesamt 6 Nachkommen pro Mutter, also insgesamt $N = q\,r\,s\,n = 3 \cdot 4 \cdot 4 \cdot 6 = 288$ Meßwerte. Wir haben eine dreifache hierarchische Klassifikation (orthogonaler Fall).

Aus den Meßwerten ergab sich folgende Tabelle der Varianzanalyse (Tab. 2 s. S. 153).

Daraus gewinnt man das Gleichungssystem

$$\begin{aligned} 2977{,}36 &= 96\,\hat{\sigma}_a^2 + 24\,\hat{\sigma}_b^2 + 6\,\hat{\sigma}_c^2 + \hat{\sigma}_e^2\,, \\ 409{,}86 &= 24\,\hat{\sigma}_b^2 + 6\,\hat{\sigma}_c^2 + \hat{\sigma}_e^2\,, \\ 209{,}51 &= 6\,\hat{\sigma}_c^2 + \hat{\sigma}_e^2\,, \\ 89{,}65 &= \hat{\sigma}_e^2\,, \end{aligned}$$

dessen Lösungen die gesuchten Schätzungen der Varianzkomponenten sind:

$$\begin{aligned} \hat{\sigma}_e^2 &= \hat{\sigma}_{\text{Nachkommen}}^2 = 89{,}65\,, \\ \hat{\sigma}_c^2 &= \hat{\sigma}_{\text{Mütter}}^2 = 19{,}98\,, \\ \hat{\sigma}_b^2 &= \hat{\sigma}_{\text{Väter}}^2 = 8{,}35\,, \\ \hat{\sigma}_a^2 &= \hat{\sigma}_{\text{Sätze}}^2 = 26{,}74\,. \end{aligned}$$

Die Varianzkomponente $\hat{\sigma}_{\text{Sätze}}^2$ ist hier sehr hoch, da nur 3 Sätze betrachtet wurden, um das Beispiel zu vereinfachen.

Aus den Varianzkomponenten erhält man die Schätzungen der Intraklasskorrelationskoeffizienten. Setzt man zur Vereinfachung $\hat{\sigma}^2 = \hat{\sigma}_a^2 + \hat{\sigma}_b^2 + \hat{\sigma}_c^2 + \hat{\sigma}^2$, so ergibt sich

$$\hat{\varrho}_1 = \frac{\hat{\sigma}_a^2 + \hat{\sigma}_b^2 + \hat{\sigma}_c^2}{\hat{\sigma}^2} = 0{,}381\,,$$

$$\hat{\varrho}_2 = \frac{\hat{\sigma}_a^2 + \hat{\sigma}_b^2}{\hat{\sigma}^2} = 0{,}242\,,$$

$$\hat{\varrho}_3 = \frac{\hat{\sigma}_a^2}{\hat{\sigma}^2} = 0{,}185\,.$$

3.3. *Tabelle 2*

SQ	FG	MQ	$E(MQ)$
$SQ_A = SQ_{\text{Sätze}} = 5954{,}73$	$f_A = 2$	$MQ_A = 2977{,}36$	$96\,\sigma_a^2 + 24\,\sigma_b^2 + 6\,\sigma_c^2 + \sigma_e^2$
$SQ_B = SQ_{\text{Väter}} = 3688{,}77$	$f_B = 9$	$MQ_B = 409{,}86$	$24\,\sigma_b^2 + 6\,\sigma_c^2 + \sigma_e^2$
$SQ_C = SQ_{\text{Mütter}} = 7542{,}17$	$f_C = 36$	$MQ_C = 209{,}51$	$6\,\sigma_c^2 + \sigma_e^2$
$SQ_R = SQ_{\text{Nachk.}} = 21516{,}33$	$f_R = 240$	$MQ_R = 89{,}65$	σ_e^2

Um die Beiträge derjenigen Varianzkomponenten an der Gesamtvariabilität zu messen, die nicht durch die Intraklasskorrelationen erfaßt werden, setzt man z. B.

$$\frac{\hat{\sigma}_c^2}{\hat{\sigma}^2} = \frac{\hat{\sigma}^2_{\text{Mütter}}}{\hat{\sigma}^2} = 0{,}1380 ,$$

d. h., 13,8% beträgt die durch die Mütter hervorgerufene Variabilität an der Gesamtvariabilität, oder

$$\frac{\hat{\sigma}_b^2}{\hat{\sigma}^2} = \frac{\hat{\sigma}^2_{\text{Väter}}}{\hat{\sigma}^2} = 0{,}058 ,$$

d. h., 5,8% beträgt die durch die Väter hervorgerufene Variabilität an der Gesamtvariabilität, oder

$$\frac{\hat{\sigma}_b^2 + \hat{\sigma}_c^2}{\hat{\sigma}^2} = 0{,}196 ,$$

d. h., 19,6% beträgt die durch die Eltern hervorgerufene Variabilität an der Gesamtvariabilität.

Es muß aber noch einmal gesagt werden, daß bisher keine exakten Verfahren zur Bestimmung der Güte solcher Schätzungen existieren.

Das Prüfen von Hypothesen über die Varianzkomponenten. Die Hypothese H_C: $\sigma_c^2 = 0$

Die Testcharakteristiken für die verschiedenen Hypothesen erhält man aus direkter Verallgemeinerung der zweifachen hierarchischen Klassifikation. MQ_C ist eine Schätzung für $n\,\sigma_c^2 + \sigma_e^2$ und ist $(n\,\sigma_c^2 + \sigma_e^2)\ \chi^2(f_C)/f_C$-verteilt. MQ_R ist wieder $\sigma_e^2\,\chi^2(f_R)/f_R$—verteilt. Dann ist bei Gültigkeit der Hypothese H_C: $\sigma_c^2 = 0$ die zufällige Veränderliche

$$\frac{\chi^2(f_C)/f_C}{\chi^2(f_R)/f_R} = \frac{MQ_C}{MQ_R}$$

F-verteilt mit $f_1 = f_C$ und $f_2 = f_R$ Freiheitsgraden. Bei Vorgabe einer Irrtumswahrscheinlichkeit α wird die *Hypothese H_C: $\sigma_c^2 = 0$ angenommen, wenn*

$$\frac{MQ_C}{MQ_R} < F_\alpha(f_C, f_R) ,$$

und H_C: $\sigma_c^2 = 0$ *wird abgelehnt, wenn*

$$\frac{MQ_C}{MQ_R} > F_\alpha(f_C, f_R) .$$

Für unser Beispiel gilt $MQ_C/MQ_R = 2{,}3370$.

Bei einer Irrtumswahrscheinlichkeit von $\alpha = 0{,}05$ erhält man $F_\alpha(f_C, f_R) = F_{0,05}(36; 240) = 1{,}43$, m. a. W.

$$MQ_C/MQ_R > F_\alpha(f_C, f_R)$$

und damit Ablehnung der Hypothese H_C: $\sigma_c^2 = 0$.

Die Hypothese H_B: $\sigma_b^2 = 0$

MQ_B ist eine Schätzung für $sn\,\sigma_b^2 + n\,\sigma_c^2 + \sigma_e^2$ und ist $(sn\,\sigma_b^2 + n\,\sigma_c^2 + \sigma_e^2)\ \chi^2(f_B)/f_B$-verteilt, MQ_C ist $(n\,\sigma_c^2 + \sigma_e^2)\ \chi^2(f_C)/f_C$-verteilt. Bei Gültigkeit der Hypothese H_B ist die zufällige Veränderliche

$$\frac{\chi^2(f_B)/f_B}{\chi^2(f_C)/f_C} = \frac{MQ_B}{MQ_C}$$

F-verteilt mit $f_1 = f_B$ und $f_2 = f_C$ Freiheitsgraden. Wenn eine Irrtumswahrscheinlichkeit α vorgegeben ist, dann wird die *Hypothese* H_B: $\sigma_b^2 = 0$ *angenommen, wenn*

$$\frac{MQ_B}{MQ_C} < F_\alpha(f_B, f_C) ,$$

und H_B: $\sigma_b^2 = 0$ *wird abgelehnt, wenn*

$$\frac{MQ_B}{MQ_C} > F_\alpha(f_B, f_C) .$$

Für unser Beispiel gilt $MQ_B/MQ_C = 1{,}956$ und bei $\alpha = 0{,}05$ ist $F_\alpha(f_B, f_C) = F_{0,05}(9; 36) = 2{,}15$, d. h.

$$MQ_B/MQ_C < F_\alpha(f_B, f_C) ,$$

also *Annahme* der Hypothese H_B: $\sigma_b^2 = 0$, d. h., die Hypothese: $\sigma_{\text{Väter}}^2 = 0$ ist mit einer Irrtumswahrscheinlichkeit von 5% nicht abzulehnen.

Die Hypothese H_A: $\sigma_a^2 = 0$

Die Ableitung der Testcharakteristik erfolgt in vollkommen analoger Weise wie bei den Hypothesen H_B und H_C. Wir geben nur die Ergebnisse an.

Bei vorgegebener Irrtumswahrscheinlichkeit α wird die *Hypothese* $H_A: \sigma_a^2 = 0$ *angenommen, wenn*

$$\frac{M\,Q_A}{M\,Q_B} < F_\alpha(f_A, f_B)\,,$$

und $H_A: \sigma_a^2 = 0$ *wird abgelehnt, wenn*

$$\frac{M\,Q_A}{M\,Q_B} > F_\alpha(f_A, f_B)\,.$$

Betrachten wir wieder unser Beispiel, so gilt $M\,Q_A/M\,Q_B = 7{,}26$ und bei $\alpha = 0{,}05$ erhalten wir $F_\alpha(f_A, f_B) = F_{0{,}05}(2; 9) = 4{,}26$, d. h. $M\,Q_A/M\,Q_B > F_\alpha(f_A, f_B)$, was *Ablehnung* der Hypothese $H_A: \sigma_a^2 = 0$ bedeutet.

Konfidenzintervalle für den Mittelwert μ, *für* σ_e^2 *und* σ_c^2/σ_e^2

Aus der Modellgleichung

$$y_{hij\nu} = \mu + a_h + b_{hi} + c_{hij} + e_{hij\nu}$$
$$(h = 1, 2, \ldots, q;\ \ i = 1, 2, \ldots, r;$$
$$j = 1, 2, \ldots, s;\ \ \nu = 1, 2, \ldots, n)$$

folgt unter Voraussetzung der Normalverteilung und Unabhängigkeit von a_h, b_{hi}, c_{hij} und $e_{hij\nu}$, daß das arithmetische Mittel

$$y_{\ldots\ldots} = \mu + \frac{1}{q}\sum_{h=1}^{q} a_h + \frac{1}{q\,r}\sum_h\sum_i b_{hi} + \frac{1}{q\,r\,s}\sum_h\sum_i\sum_j c_{hij} + \frac{1}{N}\sum_h\sum_i\sum_j\sum_\nu e_{hij\nu}$$

den Erwartungswert $E(y_{\ldots\ldots}) = \mu$ und die Varianz

$$V(y_{\ldots\ldots}) = \frac{1}{q}\,\sigma_a^2 + \frac{1}{q\,r}\,\sigma_b^2 + \frac{1}{q\,r\,s}\,\sigma_c^2 + \frac{1}{N}\,\sigma_e^2$$

mit $N = q\,r\,s\,n$ besitzt. D. h.

$$V(y_{\ldots\ldots}) = \frac{1}{q\,r\,s\,n}\,(r\,s\,n\,\sigma_a^2 + s\,n\,\sigma_b^2 + n\,\sigma_c^2 + \sigma_e^2)\,.$$

Demzufolge ist

$$\frac{y_{....} - \mu}{\sqrt{V(y_{....})}} \ldots N(0, 1)\,.$$

Die Varianz von $y_{....}$ kann aber durch $M Q_A/q\,r\,s\,n$ geschätzt werden, wobei $M Q_A$ nach Tabelle der Varianzanalyse $q - 1$ Freiheitsgrade besitzt, so daß

$$\frac{y_{....} - \mu}{\sqrt{M Q_A/q\,r\,s\,n}} \ldots t\,(q-1)\,,$$

d. h. einer t-Verteilung mit $q - 1$ Freiheitsgraden folgt. Daraus erhält man bei Vorgabe einer Irrtumswahrscheinlichkeit α ein Konfidenzintervall für den Mittelwert μ zum Konfidenzniveau $(1 - \alpha) \cdot 100\%$

$$\boxed{\begin{aligned} y_{....} - t_\alpha\,(q-1)\sqrt{M Q_A/q\,r\,s\,n} < \mu < y_{....} \\ + t_\alpha\,(q-1)\sqrt{M Q_A/q\,r\,s\,n}\,. \end{aligned}} \qquad (3.3.4)$$

In unserem Beispiel beträgt die Schätzung $y_{....}$ für das Mittel μ

$$y_{....} = 76{,}12\,.$$

Wählen wir wieder $\alpha = 0{,}05$, so erhalten wir für den zweiseitigen Fall $t_\alpha(q-1) = t_{0,05}(2) = 4{,}30$. Da

$$\sqrt{M Q_A/q\,r\,s\,n} = 3{,}22\,,$$

so erhält man als Konfidenzintervall für μ zum Konfidenzniveau 95%

$$67{,}27 < \mu < 89{,}96\,.$$

Konfidenzintervall für σ_e^2

In analoger Weise zur zweifachen hierarchischen Klassifikation erhält man ein Konfidenzintervall für σ_e^2. Gibt man zwei Wahrscheinlichkeiten P_1, P_2 $(P_2 > P_1)$ vor, so ergibt sich ein Konfidenzintervall für σ_e^2 zum Konfidenzniveau $(P_2 - P_1) \cdot 100\%$:

$$\boxed{\frac{M Q_R \cdot f_R}{\chi^2_{P_2}(f_R)} < \sigma_e^2 < \frac{M Q_R \cdot f_R}{\chi^2_{P_1}(f_R)}\,.} \qquad (3.3.5)$$

Für die Varianzkomponente $\sigma_e^2 = \sigma^2_{\text{Nachkommen}}$ ergibt sich in unserem Beispiel bei $P_2 = 0{,}95$ und $P_1 = 0{,}05$ das Konfidenzintervall zum Konfidenzniveau $(P_2 - P_1) \cdot 100\% = 90\%$:

$$77{,}96 < \sigma_e^2 < 104{,}49 .$$

Für die Varianzkomponenten σ_a^2, σ_b^2 und σ_c^2 sind bisher noch keine exakten Konfidenzintervalle bekannt. Exakte Konfidenzintervalle kann man wieder für die Quotienten

$$(r\,s\,n\,\sigma_a^2 + s\,n\,\sigma_b^2 + n\,\sigma_c^2 + \sigma_e^2)/(s\,n\,\sigma_b^2 + n\,\sigma_c^2 + \sigma_e^2)$$

und

$$(s\,n\,\sigma_b^2 + n\,\sigma_c^2 + \sigma_e^2)/(n\,\sigma_c^2 + \sigma_e^2)$$

konstruieren in analoger Weise wie für σ_c^2/σ_e^2. Konfidenzintervalle für die Quotienten der oben erwähnten Art sind aber nur wenig nützlich.

Man kann ein exaktes Konfidenzintervall für den Quotienten σ_c^2/σ_e^2 konstruieren, was dem Verfahren der zweifachen hierarchischen Klassifikation analog ist.

Konfidenzintervall für σ_c^2/σ_e^2

Wir geben nur die Ergebnisse an, die Herleitung entspricht dem Abschnitt 3.1.1.

Vorgegeben werden zwei Wahrscheinlichkeiten P_1, P_2 $(P_2 > P_1)$, dann erhält man zum Konfidenzniveau $(P_2 - P_1) \cdot 100\%$ das Konfidenzintervall für σ_c^2/σ_e^2:

$$\frac{1}{n}\left[\frac{M\,Q_C}{M\,Q_R} \cdot \frac{1}{F_{P_2}(q\,r\,(s-1);\,N - q\,r\,s)} - 1\right] < \frac{\sigma_c^2}{\sigma_e^2} < \frac{1}{n}\left[\frac{M\,Q_C}{M\,Q_R} F_{1-P_1}(N - q\,r\,s;\; q\,r(s-1)) - 1\right]. \tag{3.3.6}$$

Auf unser Beispiel angewendet erhält man für $P_2 = 0{,}95$ und $P_1 = 0{,}05$ ein Konfidenzintervall zum Konfidenzniveau von 90%. Es ist

$$M\,Q_C/M\,Q_R = 2{,}3370\,;$$

$$F_{P_2}(q\,r\,(s-1);\,N - q\,r\,s) = F_{0,95}(36;\,240) = 1{,}43$$

und damit

$$1/F_{0,95}(36;\, 240) = 0{,}6993\,.$$

Ferner ist

$$F_{1-P_1}(N - q\,r\,s;\, q\,r\,(s-1)) = F_{0,95}(240;\, 36) = 1{,}58$$

und somit nach (3.3.6)

$$0{,}1057 < \sigma_c^2/\sigma_e^2 < 0{,}4487\,.$$

3.3.2. Stichprobenvarianzen geschätzter Varianzkomponenten

Bei der dreifachen Klassifikation wird die Berechnung der Stichprobenvarianzen geschätzter Varianzkomponenten immer aufwendiger. Der Leser kann sich der Mühe unterziehen und nach dem in 3.2.2 geschilderten Verfahren (siehe AHRENS (1965)) die Ausdehnung auf die dreifache Klassifikation vornehmen. Da bei hierarchischen Klassifikationen das Gleichungssystem zur Berechnung der Schätzungen der Varianzkomponenten nicht so aufgebaut ist, daß jede Gleichung jede Varianzkomponente enthält (im Gegensatz zur Kreuzklassifikation, wie wir später sehen werden) so kann man vom Faktor A beginnend die Versuchsanlage beliebig reduzieren. Wenn wir der Einfachheit halber in unserem Falle den Faktor A unberücksichtigt lassen, so ergibt sich eine zweifache hierarchische Klassifikation und es kommt darauf an, für die Schätzungen $\hat{\sigma}_b^2$, $\hat{\sigma}_c^2$ und $\hat{\sigma}_e^2$ Stichprobenvarianzen (bzw. für $\hat{\sigma}_b^2$, $\hat{\sigma}_c^2$ eine Kovarianz) zu ermitteln. Dazu benutzt man wieder die in Abschnitt 3.2.2 definierten Matrizen

$$\mathbf{B} = \begin{pmatrix} \dfrac{1}{s^2 n^2} & \dfrac{1}{s^2 n^2} & 0 & \dfrac{-2}{s^2 n^2} \\ 0 & \dfrac{1}{n^2} & \dfrac{1}{n^2} & 0 \\ 0 & 0 & 1 & 0 \\ 0 & \dfrac{-1}{s\,n^2} & 0 & \dfrac{1}{s\,n^2} \\ 0 & 0 & 0 & 0 \\ 0 & 0 & \dfrac{-1}{n} & 0 \end{pmatrix},$$

und

$$\mathbf{C} = \begin{pmatrix} \frac{2 s^2 n^2}{f_B} & \frac{2 n^2}{f_B} & \frac{2}{f_B} & \frac{4 s n^2}{f_B} & \frac{4 s n}{f_B} & \frac{4 n}{f_B} \\ 0 & \frac{2 n^2}{f_C} & \frac{2}{f_C} & 0 & 0 & \frac{4 n}{f_C} \\ 0 & 0 & \frac{2}{f_R} & 0 & 0 & 0 \\ 0 & 0 & 0 & 0 & 0 & 0 \end{pmatrix}.$$

Jetzt ist aber $f_B = q\,(r-1)$; $f_C = q\,r\,(s-1)$; $f_R = q\,r\,s\,(n-1)$. Dann wird wieder $\mathbf{D} = \mathbf{B} \cdot \mathbf{C}$ berechnet und $\mathbf{I} + \mathbf{D}$ gebildet. Da $|\mathbf{I} + \mathbf{D}| \neq 0$, so folgt, daß $(\mathbf{I} + \mathbf{D})^{-1}$ existiert. Definiert man die Vektoren

$$\hat{\mathbf{V}}(\hat{\sigma}^2) = \begin{pmatrix} \hat{V}(\hat{\sigma}_b^2) \\ \hat{V}(\hat{\sigma}_c^2) \\ \hat{V}(\hat{\sigma}_e^2) \\ \widehat{\mathrm{Cov}}\,(\hat{\sigma}_b^2, \hat{\sigma}_c^2) \\ \widehat{\mathrm{Cov}}\,(\hat{\sigma}_b^2, \hat{\sigma}_e^2) \\ \widehat{\mathrm{Cov}}\,(\hat{\sigma}_c^2, \hat{\sigma}_e^2) \end{pmatrix} \quad \text{und} \quad \hat{\gamma} = \begin{pmatrix} (\hat{\sigma}_b^2)^2 \\ (\hat{\sigma}_c^2)^2 \\ (\hat{\sigma}_e^2)^2 \\ \hat{\sigma}_b^2\,\hat{\sigma}_c^2 \\ \hat{\sigma}_b^2\,\hat{\sigma}_e^2 \\ \hat{\sigma}_c^2\,\hat{\sigma}_e^2 \end{pmatrix},$$

dann erhält man wieder die Stichprobenvarianzen der geschätzten Varianzkomponenten aus der Gleichung

$$\hat{\mathbf{V}}(\hat{\sigma}^2) = (\mathbf{I} + \mathbf{D})^{-1} \cdot \mathbf{D} \cdot \hat{\gamma}\,.$$

Man kann direkt die Formeln (3.2.13) bis (3.2.15) verwenden muß aber folgende Änderungen vornehmen:

A geht über in B,
B geht über in C,
a geht über in b,
b geht über in c.

Dann fehlt zwar eine Stichprobenvarianz für $\hat{\sigma}_a^2$, das aber hatten wir gerade zur bedeutenden Vereinfachung der Berechnung zugelassen. In unserem Beispiel würde damit die Stichprobenvarianz für $\hat{\sigma}_a^2 = \hat{\sigma}_{\text{Sätze}}^2$ ausfallen, eine Schätzung, die ohnehin genetisch nicht von Interesse ist. Für das vorhin betrachtete Beispiel erhalten wir durch Anwendung der Formeln (3.2.13) bis (3.2.15) unter Beachtung der entsprechenden Änderungen:

$$\hat{V}(\hat{\sigma}_b^2) = \hat{V}(\hat{\sigma}^2_{\text{Väter}}) = 57{,}01\,,$$

$$\hat{V}(\hat{\sigma}_c^2) = \hat{V}(\hat{\sigma}^2_{\text{Mütter}}) = 66{,}01\,,$$

$$\hat{V}(\hat{\sigma}_e^2) = \hat{V}(\hat{\sigma}^2_{\text{Nachkommen}}) = 66{,}42$$

und somit

$$\hat{\sigma}^2_{\text{Väter}} \pm \sqrt{\hat{V}(\hat{\sigma}^2_{\text{Väter}})} = 8{,}35 \pm 7{,}55\,,$$

$$\hat{\sigma}^2_{\text{Mütter}} \pm \sqrt{\hat{V}(\hat{\sigma}^2_{\text{Mütter}})} = 19{,}98 \pm 8{,}12\,,$$

$$\hat{\sigma}^2_{\text{Nachkommen}} \pm \sqrt{\hat{V}(\hat{\sigma}^2_{\text{Nachkommen}})} = 89{,}65 \pm 8{,}15\,.$$

3.3.3. Dreifache hierarchische Klassifikation, ungleiche Besetzung der Unterklassen (nichtorthogonaler Fall)

Der Faktor A habe wieder q Stufen, der Faktor B innerhalb einer jeden Stufe von A habe r_h Stufen (Unterklassen) und der Faktor C innerhalb B habe s_{hi} Stufen (Unterklassen). Die Anzahl der Beobachtungen sei je Stufe (Unterklasse) des Faktors C verschieden und betrage n_{hij}. Der Sachverhalt läßt sich durch die folgende Abbildung veranschaulichen.

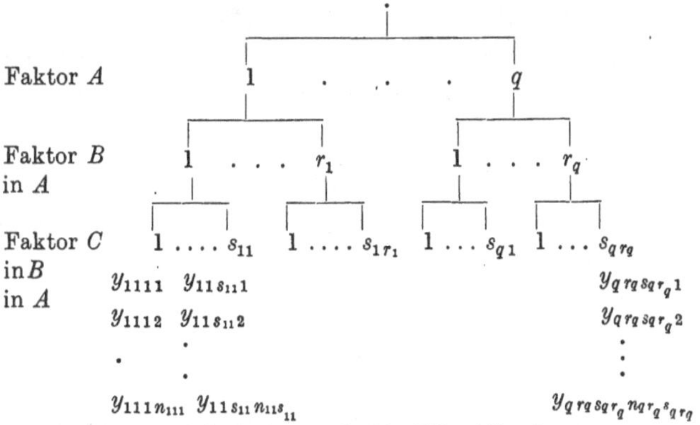

3.3. Abb. 2. Dreifache hierarchische Klassifikation (nichtorthogonaler Fall)

Die Modellgleichung lautet

$$y_{hij\nu} = \mu + a_h + b_{hi} + c_{hij} + e_{hij\nu}$$
$$(h = 1, 2, \ldots, q;\; i = 1, 2, \ldots, r_h;$$
$$j = 1, 2, \ldots, s_{hi};\; \nu = 1, 2, \ldots, n_{hij})$$

mit μ als allgemeinem Mittel und den unabhängigen und normalverteilten zufälligen Veränderlichen a_h, b_{hi}, c_{hij} und $e_{hij\nu}$, die alle den Erwartungswert 0 haben und die Varianzen σ_a^2, σ_b^2, σ_c^2 σ_e^2.

Das Schätzen der Varianzkomponenten

Ausgangspunkt ist wieder die Tabelle der Varianzanalyse, aus deren Quadratsummen der Erwartungswert $E(MQ)$ berechnet wird. Für die Berechnung der $E(MQ)$ empfiehlt es sich, das in Abschnitt 3.2.3 erwähnte Matrizenverfahren zu verwenden, was sich in sehr einfacher Weise auf die dreifache Klassifikation erweitern läßt (Tab. 3 s. S. 163).

$$Y_{hij\cdot} = \sum_{\nu=1}^{n_{hij}} y_{hij\nu}\,, \qquad Y_{hi\cdot\cdot} = \sum_{j=1}^{s_{hi}} \sum_{\nu=1}^{n_{hij}} y_{hij\nu}\,,$$

$$Y_{h\cdots} = \sum_{i=1}^{r_h} \sum_{j=1}^{s_{hi}} \sum_{\nu=1}^{n_{hij}} y_{hij\nu}\,,$$

$$Y_{\cdots\cdot} = \sum_{h=1}^{q} \sum_{i=1}^{r_h} \sum_{j=1}^{s_{hi}} \sum_{\nu=1}^{n_{hij}} y_{hij\nu}\,,$$

$$n_{hi\cdot} = \sum_{j=1}^{s_{hi}} n_{hij}\,, \qquad n_{h\cdot\cdot} = \sum_{i=1}^{r_h} \sum_{j=1}^{s_{hi}} n_{hij}\,,$$

$$N = \sum_{h=1}^{q} \sum_{i=1}^{r_h} \sum_{j=1}^{s_{hi}} n_{hij}\,.$$

Aus den beiden letzten Spalten der Tabelle der Varianzanalyse erhält man das Gleichungssystem zum Schätzen

3.3. Tabelle 3

SQ	FG	MQ	$E(MQ)$
$SQ_A = \sum_{h=1}^{q} \frac{Y_{h\cdots}^2}{n_{h\cdot\cdot}} - \frac{Y_{\cdots\cdot}^2}{N}$	$f_A = q - 1$	$SQ_A/f_A = MQ_A$	$k_{11}\sigma_a^2 + k_{12}\sigma_b^2 + k_{13}\sigma_c^2 + \sigma_e^2$
$SQ_B = \sum_{h=1}^{q} \sum_{i=1}^{r_h} \frac{Y_{hi\cdot\cdot}^2}{n_{hi\cdot}} - \sum_{h=1}^{q} \frac{Y_{h\cdots}^2}{n_{h\cdot\cdot}}$	$f_B = \sum_{h=1}^{q} r_h - q$	$SQ_B/f_B = MQ_B$	$k_{22}\sigma_b^2 + k_{23}\sigma_c^2 + \sigma_e^2$
$SQ_C = \sum_{h=1}^{q} \sum_{i=1}^{r_h} \sum_{j=1}^{s_{hi}} \frac{Y_{hij\cdot}^2}{n_{hij}} - \sum_{h=1}^{q} \sum_{i=1}^{r_h} \frac{Y_{hi\cdot\cdot}^2}{n_{hi\cdot}}$	$f_C = \sum_{h=1}^{q} \sum_{i=1}^{r_h} s_{hi} - \sum_{i=1}^{q} r_h$	$SQ_C/f_C = MQ_C$	$k_{33}\sigma_c^2 + \sigma_e^2$
$SQ_R = \sum_{h=1}^{q} \sum_{i=1}^{r_h} \sum_{j=1}^{s_{hi}} \sum_{\nu=1}^{n_{hij}} y_{hij\nu}^2 - \sum_{h=1}^{q} \sum_{i=1}^{r_h} \sum_{j=1}^{s_{hi}} \frac{Y_{hij\cdot}^2}{n_{hij}}$	$f_R = N - \sum_{h=1}^{q} \sum_{i=1}^{r_h} s_{hi}$	$SQ_R/f_R = MQ_R$	σ_e^2

der Varianzkomponenten:

$$\boxed{\begin{aligned} M\,Q_A &= k_{11}\,\hat{\sigma}_a^2 + k_{12}\,\hat{\sigma}_b^2 + k_{13}\,\hat{\sigma}_c^2 + \hat{\sigma}_e^2\,, \\ M\,Q_B &= \qquad\qquad k_{22}\,\hat{\sigma}_b^2 + k_{23}\,\hat{\sigma}_c^2 + \hat{\sigma}_e^2\,, \\ M\,Q_C &= \qquad\qquad\qquad\qquad k_{33}\,\hat{\sigma}_c^2 + \hat{\sigma}_e^2\,, \\ M\,Q_R &= \qquad\qquad\qquad\qquad\qquad\qquad \hat{\sigma}_e^2\,. \end{aligned}} \tag{3.3.7}$$

In Matrizenschreibweise ergibt sich bei Definition der Vektoren

$$\mathbf{M} = (M\,Q_A,\, M\,Q_B,\, M\,Q_C,\, M\,Q_R)'$$

und

$$\hat{\boldsymbol{\sigma}}_e^2 = (\hat{\sigma}_a^2, \hat{\sigma}_b^2, \hat{\sigma}_c^2, \hat{\sigma}_e^2)'$$

das Gleichungssystem für die Schätzungen der Varianzkomponenten:

$$\mathbf{M} = \mathbf{K}\,\hat{\boldsymbol{\sigma}}^2 \tag{3.3.8}$$

mit der Koeffizientenmatrix

$$\mathbf{K} = \begin{pmatrix} k_{11} & k_{12} & k_{13} & 1 \\ 0 & k_{22} & k_{23} & 1 \\ 0 & 0 & k_{33} & 1 \\ 0 & 0 & 0 & 1 \end{pmatrix}.$$

Es ist leicht zu beweisen, daß für hierarchische Klassifikationen die Koeffizientenmatrix stets eine Determinante $\det \mathbf{K} \neq 0$ besitzt, d. h., sie ist invertierbar, $\mathbf{K}^{-1}$ existiert und damit existieren stets eindeutige Lösungen des Gleichungssystems (3.3.7) bzw. (3.3.8), d. h., die Schätzungen $\hat{\sigma}_a^2$, $\hat{\sigma}_b^2$, $\hat{\sigma}_c^2$ und $\hat{\sigma}_e^2$ existieren. Die Koeffizienten $k_{\nu\mu}$ sind wie folgt definiert (da wir die Summationsgrenzen kennen, verwenden wir zur Abkürzung

$$\sum_{h,i} \text{ bzw. } \sum_{h,i,j} \text{ für } \sum_{h=1}^{q}\sum_{i=1}^{r_h} \text{ bzw. } \sum_{h=1}^{q}\sum_{i=1}^{r_h}\sum_{j=1}^{s_{hi}}):$$

$$\left.\begin{aligned}
k_{11} &= \frac{1}{f_A}\left(N - \frac{1}{N}\sum_h n_{h..}^2\right), \\
k_{12} &= \frac{1}{f_A}\left(\sum_{h,i}\frac{n_{hi.}^2}{n_{h..}} - \frac{1}{N}\sum_{h,i} n_{hi.}^2\right), \\
k_{13} &= \frac{1}{f_A}\left(\sum_{h,i,j}\frac{n_{hij}^2}{n_{h..}} - \frac{1}{N}\sum_{h,i,j} n_{hij}^2\right), \\
k_{22} &= \frac{1}{f_B}\left(N - \sum_{h,i}\frac{n_{hi.}^2}{n_{h..}}\right), \\
k_{23} &= \frac{1}{f_B}\left(\sum_{h,i,j}\frac{n_{hij}^2}{n_{hi.}} - \sum_{h,i,j}\frac{n_{hij}^2}{n_{h..}}\right), \\
k_{33} &= \frac{1}{f_C}\left(N - \sum_{h,i,j}\frac{n_{hij}^2}{n_{hi.}}\right).
\end{aligned}\right\} \quad (3.3.9)$$

Da der nichtorthogonale Fall der allgemeine Fall ist, muß der orthogonale Fall als Spezialfall in ihm enthalten sein, d. h., im orthogonalen Fall muß gelten

$$\left.\begin{aligned}
k_{11} &= r\,s\,n\,, & k_{12} &= s\,n\,, & k_{13} &= n\,, \\
k_{22} &= s\,n, & k_{23} &= n\,, & k_{33} &= n\,.
\end{aligned}\right\} \quad (3.3.10)$$

Diese Beziehungen sind leicht nachzuweisen. Für den orthogonalen Fall gilt also $n_{hij} = n$ für alle h, i, j; $s_{hi} = s$ für alle h, i; $r_h = r$ für alle h.

Dann ist $n_{hi.} = \sum_{j=1}^{s_{hi}} n_{hij} = \sum_{j=1}^{s} n = s\,n$ und

$$n_{h..} = \sum_{i=1}^{r_h}\sum_{j=1}^{s_{hi}} n_{hij} = \sum_{i=1}^{r}\sum_{j=1}^{s} n = r\,s\,n \text{ und } N = q\,r\,s\,n\,.$$

Dann gilt

$$k_{11} = \frac{1}{f_A}\left(q\,r\,s\,n - \frac{1}{q\,r\,s\,n}\,q\,r^2\,s^2\,n^2\right) = \frac{1}{f_A}\,r\,s\,n\,(q-1) = r\,s\,n\,,$$

$$k_{12} = \frac{1}{f_A}\left(q\,r\,\frac{s^2\,n^2}{r\,s\,n} - \frac{1}{q\,r\,s\,n}\,q\,r\,s^2\,n^2\right) = \frac{1}{f_A}\,s\,n\,(q-1) = s\,n\,,$$

$$k_{13} = \frac{1}{f_A}\left(q\,r\,s\,\frac{n^2}{r\,s\,n} - \frac{1}{q\,r\,s\,n}\,q\,r\,s\,n^2\right) = \frac{1}{f_A}\,n\,(q-1) = n\,,$$

$$k_{22} = \frac{1}{f_B}\left(q\, r\, s\, n - q\, r \frac{s^2 n^2}{r\, s\, n}\right) = \frac{1}{f_B} s\, n\, q\, (r-1) = s\, n\,,$$

$$k_{23} = \frac{1}{f_B}\left(q\, r\, s \frac{n^2}{s\, n} - q\, r\, s \frac{n^2}{r\, s\, n}\right) = \frac{1}{f_B} q\, n\, (r-1) = n\,,$$

$$k_{33} = \frac{1}{f_C}\left(q\, r\, s\, n - q\, r\, s \frac{n^2}{s\, n}\right) = \frac{1}{f_C} q\, r\, n\, (s-1) = n\,.$$

Die Schätzungen der Varianzkomponenten lauten

$$\hat{\sigma}_e^2 = M\, Q_R\,,$$

$$\hat{\sigma}_c^2 = \frac{1}{k_{33}} (M\, Q_C - M\, Q_R)\,,$$

$$\hat{\sigma}_b^2 = \frac{1}{k_{22}\, k_{33}} (k_{33}\, M\, Q_B - k_{23}\, M\, Q_C + [k_{23} - k_{33}]\, M\, Q_R)\,,$$

$$\hat{\sigma}_a^2 = \frac{1}{k_{11}\, k_{22}\, k_{33}} (k_{22}\, k_{33}\, M\, Q_A - k_{12}\, k_{33}\, M\, Q_B + [k_{12}\, k_{23} - k_{13}\, k_{22}]\, M\, Q_C + [k_{22}\, (k_{13} - k_{33}) + k_{12}\, (k_{33} - k_{23})]\, M\, Q_R)\,.$$

Setzt man für die $k_{\nu\mu}$ die Werte nach (3.3.9) ein, so erhält man wieder die Schätzungen für den orthogonalen Fall (siehe (3.3.2)).

Die Schätzungen der Intraklasskorrelationskoeffizienten werden wie im orthogonalen Fall definiert (siehe (3.3.3)), jedoch erscheint es jetzt nicht zweckmäßig für $\hat{\sigma}_a^2$, $\hat{\sigma}_b^2$, $\hat{\sigma}_c^2$ und $\hat{\sigma}_e^2$ noch die entsprechenden Ausdrücke in den $M\, Q$'s einzusetzen.

Beispiel

Es wurde wieder das unter 3.3.1 betrachtete Beispiel benutzt, also Längenmessungen von Einzelpflanzen innerhalb von Vollgeschwisterfamilien von *Zea mays convar indurata*. Betrachtet wurden wieder $q = 3$ Sätze, innerhalb eines jeden Satzes $r_h = r = 4$ Vaterpflanzen, je Vaterpflanze s_{hi} Mutterpflanzen und jeweils n_{hij} Nachkommen. Es ergibt sich folgende Unterklassenbesetzung:

3.3. *Tabelle 4*

$n_{111} = 4$			
$n_{112} = 5$			
$n_{113} = 4$			
$n_{114} = 3$	$n_{11.} = 16$		
$n_{121} = 5$			
$n_{122} = 5$			
$n_{123} = 4$	$n_{12.} = 14$		
$n_{131} = 3$			
$n_{132} = 4$	$n_{13.} = 7$		
$n_{141} = 4$			
$n_{142} = 4$			
$n_{143} = 5$	$n_{14.} = 13$	$n_{1..} = 50$	
$n_{211} = 5$			
$n_{212} = 4$			
$n_{213} = 5$	$n_{21.} = 14$		
$n_{221} = 5$			
$n_{222} = 5$			
$n_{223} = 5$			
$n_{224} = 5$	$n_{22.} = 20$		
$n_{231} = 5$			
$n_{232} = 5$	$n_{23.} = 10$		
$n_{241} = 5$			
$n_{242} = 5$			
$n_{243} = 6$	$n_{24.} = 16$	$n_{2..} = 60$	
$n_{311} = 4$			
$n_{312} = 6$			
$n_{313} = 5$	$n_{31.} = 15$		
$n_{321} = 4$			
$n_{322} = 5$			
$n_{323} = 5$			
$n_{324} = 5$	$n_{32.} = 19$		
$n_{331} = 4$			
$n_{332} = 5$			
$n_{333} = 5$	$n_{33.} = 14$		
$n_{341} = 4$			
$n_{342} = 6$			
$n_{343} = 4$	$n_{34.} = 14$	$n_{3..} = 62$	$N = 172$

3.3. *Tabelle 5*

SQ	FG	MQ	$E(MQ)$
$SQ_A = SQ_{\text{Sätze}} = 3460{,}83$	$f_A = 2$	1730,42	$57{,}09\,\sigma_a^2 + 14{,}96\,\sigma_b^2 + 4{,}73\,\sigma_c^2 + \sigma_e^2$
$SQ_B = SQ_{\text{Väter}} = 3018{,}68$	$f_B = 9$	335,41	$14{,}10\,\sigma_b^2 + 4{,}68\,\sigma_c^2 + \sigma_e^2$
$SQ_C = SQ_{\text{Mütter}} = 5804{,}41$	$f_C = 25$	232,18	$4{,}63\,\sigma_c^2 + \sigma_e^2$
$SQ_R = SQ_{\text{Nachk}} = 10952{,}50$	$f_R = 135$	81,13	σ_e^2

Die Meßwerte, die hier nicht im einzelnen aufgeführt werden sollen, ergaben nach Verrechnung folgende Tabelle der Varianzanalyse (Tab. 5 s. S. 168).

Die Koeffizienten in der letzten Spalte der Tabelle 5 wurden nach der Formel (3.3.9) unter Verwendung der Tabelle 4 berechnet. Die Auflösung des Gleichungssystems

$$\begin{aligned} 1730{,}42 &= 57{,}09\,\hat{\sigma}_a^2 + 14{,}96\,\hat{\sigma}_b^2 + 4{,}73\,\hat{\sigma}_c^2 + \hat{\sigma}_e^2\,, \\ 335{,}41 &= 14{,}10\,\hat{\sigma}_b^2 + 4{,}68\,\hat{\sigma}_c^2 + \hat{\sigma}_e^2\,, \\ 232{,}18 &= 4{,}63\,\hat{\sigma}_c^2 + \hat{\sigma}_e^2\,, \\ 81{,}13 &= \hat{\sigma}_e^2 \end{aligned}$$

ergibt die Schätzungen

$$\begin{aligned} \hat{\sigma}_e^2 &= \hat{\sigma}^2_{\text{Nachkommen}} = 81{,}13\,, \\ \hat{\sigma}_c^2 &= \hat{\sigma}^2_{\text{Mütter}} = 32{,}62\,, \\ \hat{\sigma}_b^2 &= \hat{\sigma}^2_{\text{Väter}} = 7{,}21\,, \\ \hat{\sigma}_a^2 &= \hat{\sigma}^2_{\text{Sätze}} = 24{,}30\,. \end{aligned}$$

Die Gesamtvarianz $\sigma^2 = V(y_{hij\nu})$ setzt sich aus der Summe der Varianzkomponenten zusammen; man erhält die Schätzung

$$\hat{\sigma}^2 = 145{,}26 \quad \text{(nichtorthogonaler Fall)}\,.$$

Für den orthogonalen Fall erhält man bei demselben Beispiel (siehe 3.3.1)

$$\hat{\sigma}^2 = 144{,}72 \quad \text{(orthogonaler Fall)}\,.$$

Da im nichtorthogonalen Fall weniger Beobachtungen vorliegen, ist auch eine größere Varianz zu erwarten.

3.3.4. Stichprobenvarianzen geschätzter Varianzkomponenten

Wenn wir auf die Berechnung von $\hat{V}(\hat{\sigma}_a^2)$ verzichten, können wir das Problem auf die zweifache hierarchische Klassifikation zurückführen. Das dort angegebene Verfahren unter Verwendung der Matrizen **B** und **C** ist dann wieder für diesen Fall zu benutzen, wobei zu beachten ist, daß man für **B** und **C** die Elemente der „reduzierten" dreifachen Klassifikation einzusetzen hat.

Wir geben die Matrix **B** an:

$$\mathbf{B} = \begin{pmatrix} b_{11} & b_{12} & b_{13} & b_{14} \\ 0 & b_{22} & b_{23} & 0 \\ 0 & 0 & b_{33} & 0 \\ 0 & b_{42} & b_{43} & b_{44} \\ 0 & 0 & b_{53} & 0 \\ 0 & 0 & b_{63} & 0 \end{pmatrix}.$$

Die Elemente von **B** sind wie folgt definiert:

$$b_{11} = \frac{1}{k_{22}^2}, \qquad b_{12} = \frac{k_{23}^2}{k_{22}^2\, k_{33}^2},$$

$$b_{13} = \frac{(k_{23} - k_{33})^2}{k_{22}^2\, k_{33}^2}, \qquad b_{14} = -\frac{2\, k_{23}}{k_{22}^2\, k_{33}},$$

$$b_{22} = \frac{1}{k_{33}^2}, \qquad b_{23} = \frac{1}{k_{33}^2},$$

$$b_{33} = 1,$$

$$b_{42} = -\frac{k_{23}}{k_{22}\, k_{33}^2}, \qquad b_{43} = -\frac{k_{23} - k_{33}}{k_{22}\, k_{33}^2},$$

$$b_{44} = \frac{1}{k_{22}\, k_{33}},$$

$$b_{53} = \frac{k_{23} - k_{33}}{k_{22}\, k_{33}},$$

$$b_{63} = -\frac{1}{k_{33}}.$$

(Wie man leicht sieht, erhält man diese Elemente b_{kl} aus den Elementen der Matrix **B** (Abschnitt 3.2.4), indem der Index 1 in 2 und 2 in 3 übergeht.)

Weiter sei die Matrix **C** angegeben

$$\mathbf{C} = \begin{pmatrix} c_{11} & c_{12} & c_{13} & c_{14} & c_{15} & c_{16} \\ 0 & c_{22} & c_{23} & 0 & 0 & c_{26} \\ 0 & 0 & c_{33} & 0 & 0 & 0 \\ 0 & c_{42} & 0 & 0 & 0 & 0 \end{pmatrix}$$

mit den folgenden Elementen

$$c_{11} = \frac{2}{f_B^2}\left(\sum_{h,i} n_{hi\cdot}^2 + \sum_h \frac{\left[\sum_i n_{hi\cdot}^2\right]^2}{n_{h\cdot\cdot}^2} - 2\sum_h \frac{\sum_i n_{hi\cdot}^3}{n_{h\cdot\cdot}}\right),$$

$$c_{12} = \frac{2}{f_B^2}\left(\sum_{h,i} \frac{\left[\sum_j n_{hij}^2\right]^2}{n_{hi\cdot}^2} + \sum_h \frac{\left[\sum_{i,j} n_{hij}^2\right]^2}{n_{h\cdot\cdot}^2} - 2\sum_h \frac{\sum_i \frac{\left[\sum_j n_{hij}^2\right]^2}{n_{hi\cdot}}}{n_{h\cdot\cdot}}\right),$$

$$c_{13} = \frac{2}{f_B},$$

$$c_{14} = \frac{4}{f_B^2}\left(\sum_{h,i,j} n_{hij}^2 + \sum_h \frac{\left(\sum_i n_{hi\cdot}^2\right)\left(\sum_{i,j} n_{hij}^2\right)}{n_{h\cdot\cdot}^2}\right.$$

$$\left. - 2\sum_h \frac{\sum_i n_{hi\cdot} \sum_j n_{hij}^2}{n_{h\cdot\cdot}}\right),$$

$$c_{15} = \frac{4}{f_B^2}\left(N - \sum_{h,i} \frac{n_{hi\cdot}^2}{n_{h\cdot\cdot}}\right),$$

$$c_{16} = \frac{4}{f_B^2}\left(\sum_{h,i,j} \frac{n_{hij}^2}{n_{hi\cdot}} - \sum_{h,i,j} \frac{n_{hij}^2}{n_{h\cdot\cdot}}\right),$$

$$c_{22} = \frac{2}{f_C^2}\left(\sum_{h,i,j} n_{hij}^2 + \sum_{h,i} \frac{\left[\sum_j n_{hij}^2\right]^2}{n_{hi\cdot}^2} - 2\sum_{h,i} \frac{\sum_j n_{hij}^3}{n_{hi\cdot}}\right),$$

$$c_{23} = \frac{2}{f_C},$$

$$c_{26} = \frac{4}{f_C^2}\left(N - \sum_{h,i,j} \frac{n_{hij}^2}{n_{hi\cdot}}\right),$$

$$c_{33} = \frac{2}{f_R},$$

$$c_{42} = \frac{2}{f_B f_C}\left(\sum_{h,i} \frac{\sum_j n_{hij}^3}{n_{hi\cdot}} - \sum_{h,i} \frac{\left[\sum_j n_{hij}^2\right]^2}{n_{hi\cdot}^2} - \sum_h \frac{\sum_{i,j} n_{hij}^3}{n_{h\cdot\cdot}}\right.$$

$$\left. + \sum_h \frac{\sum_i \frac{\left[\sum_j n_{hij}^2\right]^2}{n_{hi\cdot}}}{n_{h\cdot\cdot}}\right).$$

Man multipliziert die beiden Matrizen, erhält $\mathbf{D} = \mathbf{B} \cdot \mathbf{C}$ und bildet $\mathbf{I} + \mathbf{D}$. Dann wird $(\mathbf{I} + \mathbf{D})$ invertiert, d. h., $(\mathbf{I} + \mathbf{D})^{-1}$ wird gebildet und mit $\mathbf{D}$ multipliziert, also $(\mathbf{I} + \mathbf{D})^{-1} \cdot \mathbf{D}$.

Wenn man wie in Abschnitt 3.3.2 die Vektoren $\hat{\mathbf{V}}(\hat{\sigma}^2)$ und $\hat{\gamma}$ definiert, dann erhält man die Stichprobenvarianzen (und -kovarianzen) wieder nach der Formel

$$\hat{\mathbf{V}}(\hat{\sigma}^2) = (\mathbf{I} + \mathbf{D})^{-1}\,\mathbf{D}\,\hat{\gamma}\,.$$

3.4. Zweifache Klassifikation (Kreuzklassifikation)

Wir gehen wieder von derselben Versuchsanlage aus, wie sie in Abschnitt 2.2 beschrieben wurde. Es handelt sich um 2 Faktoren A und B, Faktor A wirkt auf r Stufen, Faktor B auf s Stufen. Jede Stufe des einen Faktors wirkt mit jeder Stufe des anderen Faktors (Kreuzklassifikation).

3.4.1. Eine Beobachtung in jeder Unterklasse

Die Modellgleichung lautet

$$y_{ij} = \mu + a_i + b_j + e_{ij}$$
$$(i = 1, 2, \ldots, r;\quad j = 1, 2, \ldots, s)\,,$$

μ als allgemeines Mittel, a_i, b_j und e_{ij} sind normalverteilte zufällige Veränderliche mit dem gemeinsamen Erwartungswert 0 und den Varianzen σ_a^2, σ_b^2, σ_e^2, den sogenannten Varianzkomponenten. Sie sind die zu schätzenden Parameter.

Das Schätzen der Varianzkomponenten

Ausgehend von der Tabelle der Varianzanalyse (siehe auch Tabelle 2, Abschnitt 2.2), berechnet man die Werte $E(M\,Q)$. Wir geben die Ergebnisse ohne Herleitung an (Tab.1 s. S. 173).

Aus dem Gleichungssystem

$$\begin{aligned} M\,Q_A &= s\ \hat{\sigma}_a^2 + \hat{\sigma}_e^2\,,\\ M\,Q_B &= r\ \hat{\sigma}_b^2 + \hat{\sigma}_e^2\,,\\ M\,Q_R &= \hat{\sigma}_e^2 \end{aligned}$$

3.4. *Tabelle 1*

Varianzanalyse der zweifachen Klassifikation (Kreuzklassifikation) mit einer Beobachtung in jeder Unterklasse

SQ	FG	MQ	$E(MQ)$
$SQ_A = \sum_{i=1}^{r} \frac{Y_{i\cdot}^2}{s} - \frac{Y_{\cdot\cdot}^2}{N}$	$f_A = r - 1$	$SQ_A/f_A = MQ_A$	$s\,\sigma_a^2 + \sigma_e^2$
$SQ_B = \sum_{j=1}^{s} \frac{Y_{\cdot j}^2}{r} - \frac{Y_{\cdot\cdot}^2}{N}$	$f_B = s - 1$	$SQ_B/f_B = MQ_B$	$r\,\sigma_b^2 + \sigma_e^2$
$SQ_R = \sum_i \sum_j y_{ij}^2 - \sum_i \frac{Y_{i\cdot}^2}{s} - \sum_j \frac{Y_{\cdot j}^2}{r} + \frac{Y_{\cdot\cdot}^2}{N}$	$f_R = (r-1)(s-1)$	$SQ_R/f_R = MQ_R$	σ_e^2
$Y_{i\cdot} = \sum_{j=1}^{s} y_{ij}, \quad Y_{\cdot j} = \sum_{i=1}^{r} y_{ij}, \quad Y_{\cdot\cdot} = \sum_{i=1}^{r} \sum_{j=1}^{s} y_{ij}, \quad N = r \cdot s$			

erhält man die Schätzungen für die Varianzkomponenten:

$$\boxed{\begin{aligned} \hat{\sigma}_e^2 &= M\,Q_R\,, \\ \hat{\sigma}_b^2 &= \frac{1}{r}\,(M\,Q_B - M\,Q_R)\,, \\ \hat{\sigma}_a^2 &= \frac{1}{s}\,(M\,Q_A - M\,Q_R)\,. \end{aligned}} \tag{3.4.1}$$

In der Varianzkomponente σ_e^2 ist eine eventuell vorhandene Wechselwirkungskomponente σ_{ab}^2 eingeschlossen, die im einfach besetzten Fall nicht von σ_e^2 getrennt werden kann. Genauso wie im Modell I gibt es keinen Test für die Wechselwirkung.

Das Prüfen von Hypothesen über die Varianzkomponenten

Im Falle gleicher Besetzung der Unterklassen sind die $M\,Q$ in der Tabelle der Varianzanalyse unabhängige zufällige Veränderliche mit $[E(MQ)\,\chi^2(F\,G)/F\,G]$-Verteilungen, d. h.,

$$\begin{aligned} &M\,Q_A \text{ ist } [(\sigma_e^2 + s\,\sigma_a^2)\,\chi^2(f_A)/f_A]\text{-verteilt}\,, \\ &M\,Q_B \text{ ist } [(\sigma_e^2 + r\,\sigma_b^2)\,\chi^2(f_B)/f_B]\text{-verteilt}\,, \\ &M\,Q_R \text{ ist } [\sigma_e^2\,\chi^2(f_R)/f_R]\text{-verteilt}\,. \end{aligned}$$

Daraus leiten sich die Testcharakteristiken für folgende Hypothesen ab.

H_A: $\sigma_a^2 = 0$

Bei vorgegebener Irrtumswahrscheinlichkeit α wird H_A *angenommen, wenn*

$$\frac{M\,Q_A}{M\,Q_R} < F_\alpha(f_A, f_R)$$

und *abgelehnt, wenn*

$$\frac{M\,Q_A}{M\,Q_R} > F_\alpha(f_A, f_R)\,.$$

H_B: $\sigma_b^2 = 0$

H_B wird angenommen, wenn

$$\frac{M\,Q_B}{M\,Q_R} < F_\alpha(f_B, f_R)$$

andernfalls *abgelehnt.*

Konfidenzintervalle für μ und für die Varianzkomponenten

Konfidenzintervall für μ:

Ausgehend von der Modellgleichung

$$y_{ij} = \mu + a_i + b_j + e_{ij}$$
$$(i = 1, 2, \ldots, r;\quad j = 1, 2, \ldots, s)$$

erhält man die erwartungstreue Schätzung

$$y_{..} = \frac{1}{r\,s}\sum_{i=1}^{r}\sum_{j=1}^{s} y_{ij} \quad \text{für } \mu\,,$$

$$y_{..} = \mu + \frac{1}{r}\sum_{i=1}^{r} a_i + \frac{1}{s}\sum_{j=1}^{s} b_j + \frac{1}{r\,s}\sum_{i=1}^{r}\sum_{j=1}^{s} e_{ij}\,.$$

Die Varianz dieser Schätzung ist auf Grund der Voraussetzungen über μ, a_i, b_j und e_{ij} gleich

$$V(y_{..}) = \frac{1}{r\,s}(s\,\sigma_a^2 + r\,\sigma_b^2 + \sigma_e^2)\,.$$

Für den Ausdruck in der Klammer gibt es keinen MQ-Wert aus der Tabelle der Varianzanalyse, der ein Schätzwert dafür wäre. Es ist aber leicht zu sehen, daß die Linearkombination

$$E(M\,Q_A) + E(M\,Q_B) - E(M\,Q_R) = s\,\sigma_a^2 + r\,\sigma_b^2 + \sigma_e^2$$

ergibt und folglich

$$V(y_{..}) = \frac{1}{r\,s} E\,[M\,Q_A + M\,Q_B - M\,Q_R]\,.$$

Da auf Grund der Voraussetzungen über a_i, b_j und e_{ij} sowohl y_{ij} als auch $y_{..}$ normalverteilt sind und $y_{..}$ $N\left(\mu, \frac{1}{r\,s}(s\,\sigma_a^2 + r\,\sigma_b^2 + \sigma_e^2)\right)$ - verteilt ist, so ist auch

$$\frac{y_{..} - \mu}{\sqrt{V(y_{..})}} \tag{3.4.2}$$

normalverteilt mit dem Erwartungswert 0 und der Varianz 1.

Setzt man für $V(y_{..})$ den Schätzwert $\frac{1}{r\,s}(M\,Q_A + M\,Q_B - M\,Q_R)$ so geht der Ausdruck (3.4.2) in eine t-verteilte zufällige Veränderliche über, die von f^* Freiheitsgraden abhängt. Dabei ist f^* die Anzahl der Freiheitsgrade, die der Linearkombination $M\,Q_A + M\,Q_B - M\,Q_R$ zugeordnet wird. Diese Freiheitsgrade können approximativ aus der Formel (siehe BROWNLEE (1960), S. 235)

$$f^* \approx \frac{\left(\sum\limits_{i=1}^{n} k_i\, M_i\right)^2}{\sum\limits_{i=1}^{n} k_i^2\,(M_i)^2/f_i} \tag{3.4.3}$$

gewonnen werden. Für unseren Fall gilt

$$n = 3\,,\quad k_1 = 1\,,\quad k_2 = 1\,,\quad k_3 = -1\,,$$
$$f_1 = f_A\,,\quad f_2 = f_B\,,\quad f_3 = f_R\,,$$
$$M_1 = M\,Q_A\,,\quad M_2 = M\,Q_B\,,\quad M_3 = M\,Q_R\,.$$

Wir erhalten somit als (approximatives) Konfidenzintervall für μ zum Konvidenzniveau $(1 - \alpha)\cdot 100\%$:

$$y_{..} - t_\alpha(f^*)\sqrt{\frac{1}{r\,s}(M\,Q_A + M\,Q_B - M\,Q_R)} < \mu < y_{..} + t_\alpha(f^*)\sqrt{\frac{1}{r\,s}(M\,Q_A + M\,Q_B - M\,Q_R)}\,. \tag{3.4.4}$$

Konfidenzintervall für σ_e^2:

Es wird in derselben Weise konstruiert wie in den Beispielen der hierarchischen Klassifikationen. Sind

P_1, P_2 ($P_2 > P_1$) zwei Wahrscheinlichkeiten, dann erhält man zum Konfidenzniveau $(P_2 - P_1) \cdot 100\%$ ein Konfidenzintervall für σ_e^2:

$$\frac{MQ_R \cdot f_R}{\chi^2_{P_2}(f_R)} < \sigma_e^2 < \frac{MQ_R \cdot f_R}{\chi^2_{P_1}(f_R)}. \tag{3.4.5}$$

Exakte Konfidenzintervalle erhält man auch für die Quotienten σ_a^2/σ_e^2 und σ_b^2/σ_e^2 (im Unterschied zur hierarchischen Klassifikation).

Konfidenzintervall für σ_a^2/σ_e^2

Es ist MQ_A eine Schätzung von $\sigma_e^2 + s\,\sigma_a^2$ mit $f_A = r - 1$ Freiheitsgraden und MQ_R eine Schätzung von σ_e^2 mit $f_R = (r - 1)(s - 1)$ Freiheitsgraden und der Quotient

$$\frac{MQ_A}{MQ_R} \text{ ist } \frac{(\sigma_e^2 + s\,\sigma_a^2)}{\sigma_e^2} \cdot F(f_A, f_R)\text{-verteilt}.$$

Daraus erhält man analog der Konstruktion des Konfidenzintervalls von σ_a^2/σ_e^2 im Falle der einfachen Klassifikation (Abschnitt 3.1.1) das folgende Konfidenzintervall zum Konfidenzniveau $(P_2 - P_1) \cdot 100\%$

$$\frac{1}{s}\left(\frac{MQ_A}{MQ_R} \cdot \frac{1}{F_{P_2}((r-1);(r-1)(s-1))} - 1\right) < \frac{\sigma_a^2}{\sigma_e^2} < \frac{1}{s}\left(\frac{MQ_A}{MQ_R} F_{1-P_1}((r-1)(s-1);(r-1)) - 1\right). \tag{3.4.6}$$

Konfidenzintervall für σ_b^2/σ_e^2

Zum Konfidenzniveau $(P_2 - P_1)$ 100% erhält man das Konfidenzintervall

$$\frac{1}{r}\left(\frac{MQ_B}{MQ_R} \cdot \frac{1}{F_{P_2}((s-1);(r-1)(s-1))} - 1\right) < \frac{\sigma_b^2}{\sigma_e^2} < \frac{1}{r}\left(\frac{MQ_B}{MQ_R} F_{1-P_1}((r-1)(s-1);(s-1)) - 1\right). \tag{3.4.7}$$

Für die anderen Varianzkomponenten existieren nur Approximationen, wie z. B. die von BROSS (1950), die auf dem Fiducialschluß beruhen.

Stichprobenvarianzen geschätzter Varianzkomponenten sind im Falle der Kreuzklassifikation von SEARLE (1958) berechnet worden. Die Rechnungen sind sehr kompliziert und für den Anwender schwer zu handhaben. Außerdem ist zu beachten, daß in dem dort angegebenen Verfahren für $(\sigma^2)^2$ stets der Wert $(\hat{\sigma}^2)^2$ als Schätzung eingesetzt wurde und dadurch das Ergebnis verzerrt ist. Man prüft nämlich leicht nach, daß erst $(\hat{\sigma}^2) - V(\hat{\sigma}^2)$ eine erwartungstreue Schätzung von $(\sigma^2)^2$ ist.

3.4.2. Zweifache Klassifikation mit $n > 1$ Beobachtungen in jeder Unterklasse (orthogonaler Fall)

Die Versuchsanlage und die Anordnung der Meßergebnisse entsprechen dem Abschnitt 2.2.3, wo dasselbe Modell mit festen Effekten behandelt wurde.

Die Modellgleichung lautet jetzt

$$y_{ij\nu} = \mu + a_i + b_j + (a\,b)_{ij} + e_{ij\nu}$$

$$(i = 1, 2, \ldots, r;\; j = 1, 2, \ldots, s;\; \nu = 1, 2, \ldots, n)\,,$$

μ ist das allgemeine Mittel, a_i, b_j, $(a\,b)_{ij}$ und $e_{ij\nu}$ seien unabhängige normalverteilte zufällige Veränderliche mit dem Erwartungswert 0 und den Varianzen σ_a^2, σ_b^2, σ_{ab}^2, σ_e^2, den sogenannten Varianzkomponenten, die es zu schätzen gilt.

Das Schätzen der Varianzkomponenten

Die Tabelle der Varianzanalyse, erweitert um die Spalte $E(M\,Q)$ lautet in diesem Falle (Tab. 2 s. S. 179).

$$Y_{ij\cdot} = \sum_{\nu=1}^{n} y_{ij\nu}\,, \qquad Y_{i\cdot\cdot} = \sum_{j=1}^{s} \sum_{\nu=1}^{n} y_{ij\nu}\,,$$

$$Y_{\cdot j\cdot} = \sum_{i=1}^{r} \sum_{\nu=1}^{n} y_{ij\nu}\,, \qquad Y_{\cdot\cdot\cdot} = \sum_{i} \sum_{j} \sum_{\nu} y_{ij\nu}\,,$$

$$N = r\,s\,n\,.$$

3.4. *Tabelle 2*

SQ	FG	MQ	$E(MQ)$
$SQ_A = \sum_{i=1}^{r} \frac{Y_{i..}^2}{sn} - \frac{Y_{..}^2}{N}$	$f_A = r - 1$	$SQ_A/f_A = MQ_A$	$sn\sigma_a^2 + n\sigma_{ab}^2 + \sigma_e^2$
$SQ_B = \sum_{j=1}^{s} \frac{Y_{.j.}^2}{rn} - \frac{Y_{..}^2}{N}$	$f_B = s - 1$	$SQ_B/f_B = MQ_B$	$rn\sigma^2 + n\sigma_{ab}^2 + \sigma^2$
$SQ_{A\times B} = \sum_i \sum_j \frac{Y_{ij.}^2}{n} - \sum_i \frac{Y_{i..}^2}{sn} - \sum_j \frac{Y_{.j.}^2}{rn} + \frac{Y_{...}^2}{N}$	$f_{A\times B} = (r-1)(s-1)$	$SQ_{A\times B}/f_{A\times B} = MQ_{A\times B}$	$n\sigma_{ab}^2 + \sigma_e^2$
$SQ_R = \sum_i \sum_j \sum_{\nu=1}^{n} y_{ij\nu}^2 - \sum_i \sum_j \frac{Y_{ij.}^2}{n}$	$f_R = N - rs$	$SQ_R/f_R = MQ_R$	σ_e^2

Daraus erhält man wieder ein Gleichungssystem für die Schätzungen der Varianzkomponenten

$$\begin{aligned}
M\,Q_A &= s\,n\,\hat{\sigma}_a^2 + n\,\hat{\sigma}_{ab}^2 + \hat{\sigma}_e^2\,,\\
M\,Q_B &= r\,n\,\hat{\sigma}_b^2 + n\,\hat{\sigma}_{ab}^2 + \hat{\sigma}_e^2\,,\\
M\,Q_{A\times B} &= n\,\hat{\sigma}_{ab}^2 + \hat{\sigma}_e^2\,,\\
M\,Q_R &= \hat{\sigma}_e^2\,.
\end{aligned}$$

Die Lösungen dieses Gleichungssystems sind die Schätzungen

$$\boxed{\begin{aligned}
\hat{\sigma}_e^2 &= M\,Q_R\,,\\
\hat{\sigma}_{ab}^2 &= \frac{1}{n}\,(M\,Q_{A\times B} - M\,Q_R)\,,\\
\hat{\sigma}_b^2 &= \frac{1}{r\,n}\,(M\,Q_B - M\,Q_{A\times B})\,,\\
\hat{\sigma}_a^2 &= \frac{1}{s\,n}\,(M\,Q_A - M\,Q_{A\times B})\,.
\end{aligned}} \tag{3.4.8}$$

(Wenn $n = 1$ ist, gibt es für σ_e^2 und σ_{ab}^2 keine separaten Schätzungen. Man kann dann nur die Größe $\sigma_e^2 + \sigma_{ab}^2$ als Ganzes schätzen.)

Das Prüfen von Hypothesen über die Varianzkomponenten

Aus der Tab. 2 ist ersichtlich, wie die Testcharakteristiken zum Prüfen der Hypothesen $\sigma_a^2 = 0$, $\sigma_b^2 = 0$ und $\sigma_{ab}^2 = 0$ zu gewinnen sind. Hierbei wird der Unterschied zum Modell I ersichtlich. Die Gleichheit der Haupteffekte wurde im Falle von Modell I gegen $M\,Q_R$ getestet. Hier wird zum Test der Nullhypothesen $M\,Q_{A\times B}$ benutzt. Die Testcharakteristiken lauten bei vorgegebener Irrtumswahrscheinlichkeit α wie folgt:

Die Hypothese H_A: $\sigma_a^2 = 0$

H_A wird angenommen, wenn

$$\frac{M\,Q_A}{M\,Q_{A\times B}} < F_\alpha(f_A, f_{A\times B})\,,$$

sonst abgelehnt.

Die Hypothese H_B: $\sigma_b^2 = 0$

H_B *wird angenommen, wenn*

$$\frac{M\,Q_B}{M\,Q_{A\times B}} < F_\alpha(f_B, f_{A\times B})\,,$$

sonst abgelehnt.

Die Hypothese $H_{A\times B}$: $\sigma_{ab}^2 = 0$

$H_{A\times B}$ *wird angenommen, wenn*

$$\frac{M\,Q_{A\times B}}{M\,Q_R} < F_\alpha(f_{A\times B}, f_R)\,,$$

sonst abgelehnt.

Konfidenzintervalle für μ und für die Varianzkomponenten

Das arithmetische Mittel

$$y_{\cdots} = \mu + \frac{1}{r}\sum_i a_i + \frac{1}{s}\sum_j b_j + \frac{1}{r\,s}\sum_i\sum_j (a\,b)_{ij} + \frac{1}{r\,s\,n}\sum_i\sum_j\sum_\nu e_{ij\nu}$$

ist eine erwartungstreue Schätzung für μ, also $E(y_{\cdots}) = \mu$. Die Varianz von $y_{\cdots}$ erhält man, unter Berücksichtigung der Annahmen über a_i, b_j, $(a\,b)_{ij}$ und $e_{ij\nu}$, als

$$V(y_{\cdots}) = \frac{\sigma_a^2}{r} + \frac{\sigma_b^2}{s} + \frac{\sigma_{ab}^2}{r\,s} + \frac{\sigma_e^2}{r\,s\,n}$$

bzw.

$$V(y_{\cdots}) = \frac{1}{r\,s\,n}(s\,n\,\sigma_a^2 + r\,n\,\sigma_b^2 + n\,\sigma_{ab}^2 + \sigma_e^2)\,.$$

Für den Klammerausdruck findet man in der Tabelle der Varianzanalyse kein entsprechendes $M\,Q$, das erwartungstreue Schätzung dafür wäre, wohl aber eine Linearkombination von $M\,Q$'s, z. B. ist

$$\frac{1}{r\,s\,n}E\,(M\,Q_A + M\,Q_B - M\,Q_{A\times B}) = V(y_{\cdots})\,,$$

d. h., $\frac{1}{r\,s\,n}(M\,Q_A + M\,Q_B - M\,Q_{A\times B})$ ist eine erwartungstreue Schätzung für $V(y_{...})$. Die Freiheitsgrade f^* der Schätzgröße $M^* = M\,Q_A + M\,Q_B - M\,Q_{A\times B}$ erhält man wieder approximativ aus der Formel

$$f^* \approx \frac{\left(\sum_{i=1}^{n} k_i M_i\right)^2}{\sum_{i=1}^{n} k_i^2 (M_i)^2/f_i}. \tag{3.4.9}$$

Für den hier betrachteten Fall gilt: $n = 3$,

$$k_1 = 1\,, \quad k_2 = 1\,, \quad k_3 = -1\,,$$
$$f_1 = f_A\,, \quad f_2 = f_B\,, \quad f_3 = f_{A\times B}\,,$$
$$M_1 = MQ_A\,, \quad M_2 = MQ_B\,, \quad M_3 = MQ_{A\times B}\,.$$

Folglich besitzt die zufällige Veränderliche

$$\frac{y_{...} - \mu}{\sqrt{\frac{1}{r\,s\,n}(M\,Q_A + M\,Q_B - M\,Q_{A\times B})}}$$

eine t-Verteilung mit f^* Freiheitsgraden.

Als approximatives Konfidenzintervall für μ zum Konfidenzniveau $(1 - \alpha)\,100\%$ erhält man somit

$$y_{...} - t_\alpha(f^*)\sqrt{\frac{1}{r\,s\,n}(MQ_A + MQ_B - MQ_{A\times B})} < \mu$$
$$< y_{...} - t_\alpha(f^*)\sqrt{\frac{1}{r\,s\,n}(MQ_A + MQ_B - MQ_{A\times B})}\,. \tag{3.4.10}$$

(Die Werte $t_\alpha(f)$ findet man u. a. bei E. WEBER (1964), Tafel 5 (zweiseitige Fragestellung).)

Konfidenzintervall für σ_e^2

Es entspricht dem Fall der einfachen Besetzung (siehe (3.4.5)). Bei Vorgabe von 2 Wahrscheinlichkeiten P_1, P_2 $(P_2 > P_1)$ erhält man das Konfidenzintervall

$$\frac{MQ_R \cdot f_R}{\chi^2_{P_2}(f_R)} < \sigma_e^2 < \frac{MQ_R \cdot f_R}{\chi^2_{P_1}(f_R)} \tag{3.4.11}$$

zum Konfidenzniveau $(P_2 - P_1)\,100\%$.

Konfidenzintervall für σ_{ab}^2/σ_e^2:

$M\,Q_{A\times B}$ ist eine Schätzung von $\sigma_e^2 + n\sigma_{ab}^2$ mit $f_{A\times B} = (r-1)(s-1)$ Freiheitsgraden und $M\,Q_R$ ist eine Schätzung für σ_e^2 mit $f_R = N - r\,s$ Freiheitsgraden. Das Konfidenzintervall wird ganz analog wie im Abschnitt 3.1.1 konstruiert. Es lautet beim Konfidenzniveau von $(P_2 - P_1)\,100\%$

$$\frac{1}{n}\left(\frac{M\,Q_{A\times B}}{M\,Q_R}\cdot\frac{1}{F_{P_2}((r-1)(s-1);(N-r\,s))} - 1\right) < \frac{\sigma_{ab}^2}{\sigma_e^2} < \frac{1}{n}\left(\frac{M\,Q_{A\times B}}{M\,Q_R}F_{1-P_1}((N-r\,s);(r-1)(s-1)) - 1\right). \tag{3.4.12}$$

Für die übrigen Varianzkomponenten kann man wieder die von Bross (1950) vorgeschlagenen Approximationen von Konfidenzintervallen benutzen, die auf dem Fiducialschluß beruhen.

Beispiel

Betrachtet wurde ein Weizensortenversuch und zwar wurden $r = 4$ Sorten als zufällige Stichprobe aus einer großen Population von Sorten angesehen.[1]) Es wurden $s = 3$ Produzenten als zufällige Stichprobe aus einer Population von Produzenten betrachtet und jeder der Produzenten baute alle 4 Sorten an. Je Produzent und je Sorte gab es $n = 4$ Wiederholungen. Es ist also $r = 4$, $s = 3$, $n = 4$ und damit die Anzahl N aller Beobachtungen: $N = r\,s\,n = 48$.

---

[1]) Beim Modell II setzt man immer unendlich große Populationen voraus, von denen eine Stichprobe zufällig entnommen wird. Diese Voraussetzung ist hier ganz bestimmt nicht erfüllt. Es fragt sich nur, wie stark sie verletzt ist. Den Fall zufälliger Stichproben von endlichen Populationen betrachteten zuerst Tukey, Cornfield, J. und J. W. Tukey (1956) und Bennett, C.A. und N. L. Franklin (1954).

Die Meßergebnisse lauten:

3.4. *Tabelle 3*

Faktor B (Produzenten)

Faktor A (Sorten) i \ j	1	2	3
1	47 43 23 24	43 19 27 22	40 44 40 18
2	48 30 17 19	55 38 36 47	66 73 60 74
3	35 26 34 35	50 69 62 83	40 71 59 74
4	44 27 30 26	51 60 52 63	51 72 65 75

Daraus gewinnt man nach Verrechnung folgende Tabelle der Varianzanalyse (Tab. 4 s. S. 185).

Die Schätzungen für die Varianzkomponenten lauten:

$$\hat{\sigma}_e^2 = 116{,}59\,,$$
$$\hat{\sigma}_{ab}^2 = 92{,}46\,,$$
$$\hat{\sigma}_b^2 = \hat{\sigma}_{\text{Produzenten}}^2 = 141{,}97\,,$$
$$\hat{\sigma}_a^2 = \hat{\sigma}_{\text{Sorten}}^2 = 47{,}09\,.$$

Wir testen folgende Nullhypothesen mit der Irrtumswahrscheinlichkeit $\alpha = 0{,}05$:

3.4. *Tabelle 4*

SQ	FG	MQ	$E(MQ)$
$SQ_A = SQ_{\text{Sorten}} = 3154{,}43$	$f_A = 3$	$MQ_A = 1051{,}48$	$12\,\sigma_a^2 + 4\,\sigma_{ab}^2 + \sigma_e^2$
$SQ_B = SQ_{\text{Produzenten}} = 5516{,}00$	$f_B = 2$	$MQ_B = 2758{,}00$	$16\,\sigma_b^2 + 4\,\sigma_{ab}^2 + \sigma_e^2$
$SQ_{A\times B} = 2918{,}50$	$f_{A\times B} = 6$	$MQ_{A\times B} = 486{,}42$	$4\,\sigma_{ab}^2 + \sigma_e^2$
$SQ_R = 4193{,}75$	$f_R = 36$	$MQ_R = 116{,}59$	σ_e^2

H_A: $\sigma_a^2 = 0$

$$\frac{MQ_A}{MQ_{A\times B}} = 2{,}16$$

und $F_\alpha(f_A, f_{A\times B}) = F_{0,05}(3; 6) = 4{,}76$, d. h. H_A annehmen.

H_B: $\sigma_b^2 = 0$

$$\frac{MQ_B}{MQ_{A\times B}} = 5{,}67$$

und $F_\alpha(f_B, f_{A\times B}) = F_{0,05}(2; 6) \approx 5{,}14$, d. h. H_B ablehnen.

$H_{A\times B}$: $\sigma_{ab}^2 = 0$

$$\frac{MQ_{A\times B}}{MQ_R} = 4{,}17$$

und $F_\alpha(f_{A\times B}, f_R) = F_{0,05}(6; 36) = 2{,}36$, d. h. $H_{A\times B}$ ablehnen.

Konfidenzintervall für μ:

Die unverzerrte Schätzung für μ ist $y_{\dots} = 45{,}98$. Unter Verwendung der Formel (3.4.10) erhalten wir die Freiheitsgrade $f^* \approx 2{,}6$. Bei $\alpha = 0{,}05$ entspricht dem ein $t_\alpha(f^*)$-Wert von ungefähr 3,63. Setzen wir das in Formel (3.4.10) ein, so erhalten wir

$$15{,}78 < \mu < 76{,}18\,.$$

Konfidenzintervall für σ_e^2:

Unter Verwendung der Formel (3.4.11) erhält man bei $P_2 = 0{,}95$, $P_1 = 0{,}05$ ein Konfidenzintervall zum Konfidenzniveau 90%:

$$82{,}23 < \sigma_e^2 < 179{,}99$$

bzw.

$$9{,}06 < \sigma_e < 13{,}50\,.$$

Konfidenzintervall für σ_{ab}^2/σ_e^2:

Wieder sei $P_2 = 0{,}95$, $P_1 = 0{,}05$, d. h., wir erhalten ein Konfidenzintervall zum Konfidenzniveau von 90% (siehe Formel (3.4.12)):

$$0{,}19 < \frac{\sigma_{ab}^2}{\sigma_e^2} < 3{,}71$$

bzw.

$$0{,}43 < \frac{\sigma_{ab}}{\sigma_e} < 1{,}93\,.$$

3.4.3. Zweifache Klassifikation mit einer ungleichen Anzahl von Beobachtungen in jeder Unterklasse (nichtorthogonaler Fall)

Modellgleichung und Voraussetzungen über die zufälligen Veränderlichen a_i, b_j, $(a\,b)_{ij}$ und $e_{ij\nu}$ entsprechen den unter 3.4.2 gemachten Ausführungen. Der Unterschied besteht darin, daß jetzt in jeder der $r \cdot s$ Unterklassen verschieden viele Beobachtungen vorliegen, also in der (i, j)-ten Unterklasse gibt es n_{ij} Beobachtungen. Für den Index ν gilt $\nu = 1, 2, \ldots, n_{ij}$.

Die Besetzung der Unterklassen kann man wie folgt charakterisieren:

$i \diagdown j$	1	2	...	j	...	s	
1	n_{11}	n_{12}	...	n_{1j}	...	n_{1s}	$n_{1\cdot}$
2	n_{21}	n_{22}	...	n_{2j}	...	n_{2s}	$n_{2\cdot}$
⋮							
i	n_{i1}	n_{i2}	...	n_{ij}	...	n_{is}	$n_{i\cdot}$
⋮							
r	n_{r1}	n_{r2}	...	n_{rj}	...	n_{rs}	$n_{r\cdot}$
	$n_{\cdot 1}$	$n_{\cdot 2}$		$n_{\cdot j}$		$n_{\cdot s}$	

Es ist

$$n_{i\cdot} = \sum_{j=1}^{s} n_{ij}\,, \quad n_{\cdot j} = \sum_{i=1}^{r} n_{ij}\,, \quad N = \sum_{i=1}^{r} \sum_{j=1}^{s} n_{i\cdot}\,.$$

Das Schätzen der Varianzkomponenten

Die nun folgende Tabelle der Varianzanalyse ist nur eine formale Übertragung des orthogonalen Falles auf den nichtorthogonalen Fall. Die hierbei auftretenden *S Q's* sind unkorrekt und nicht zum Test von Hypothesen geeignet. Sie verschaffen aber erwartungstreue Schätzungen der Varianzkomponenten. Dieses Verfahren wird Methode 1 von HENDERSON (1953) genannt, (Tab. 5 s. S. 189).

Die Größen $Y_{i..}$, $Y_{.j.}$ und $Y_{...}$ sind in Abschnitt 3.4.2 definiert. Aus den beiden letzten Spalten der Tabelle 5 erhält man das Gleichungssystem für die Schätzungen der Varianzkomponenten:

$$\left.\begin{aligned} MQ_A &= k_{11}\,\hat{\sigma}_a^2 + k_{12}\,\hat{\sigma}_b^2 + k_{13}\,\hat{\sigma}_{ab}^2 + \hat{\sigma}_e^2\,, \\ MQ_B &= k_{21}\,\hat{\sigma}_a^2 + k_{22}\,\hat{\sigma}_b^2 + k_{23}\,\hat{\sigma}_{ab}^2 + \hat{\sigma}_e^2\,, \\ MQ_{A\times B} &= k_{31}\,\hat{\sigma}_a^2 + k_{32}\,\hat{\sigma}_b^2 + k_{33}\,\hat{\sigma}_{ab}^2 + \hat{\sigma}_e^2\,, \\ MQ_R &= \hat{\sigma}_e^2\,. \end{aligned}\right\} \tag{3.4.13}$$

Die Koeffizienten $k_{\nu\mu}$ lauten

$$k_{11} = \frac{1}{f_A}\left(N - \frac{1}{N}\sum_i n_{i.}^2\right),$$

$$k_{12} = \frac{1}{f_A}\left(\sum_i \sum_j \frac{n_{ij}^2}{n_{i.}} - \frac{1}{N}\sum_j n_{.j}^2\right),$$

$$k_{13} = \frac{1}{f_A}\left(\sum_i \sum_j \frac{n_{ij}^2}{n_{i.}} - \frac{1}{N}\sum_i \sum_j n_{ij}^2\right),$$

$$k_{21} = \frac{1}{f_B}\left(\sum_i \sum_j \frac{n_{ij}^2}{n_{.j}} - \frac{1}{N}\sum_i n_{i.}^2\right),$$

$$k_{22} = \frac{1}{f_B}\left(N - \frac{1}{N}\sum_j n_{.j}^2\right),$$

$$k_{23} = \frac{1}{f_B}\left(\sum_i \sum_j \frac{n_{ij}^2}{n_{.j}} - \frac{1}{N}\sum_i \sum_j n_{ij}^2\right),$$

$$k_{31} = \frac{1}{f_{A\times B}}\left(\frac{1}{N}\sum_i n_{i.}^2 - \sum_i \sum_j \frac{n_{ij}^2}{n_{.j}}\right),$$

$$k_{32} = \frac{1}{f_{A\times B}}\left(\frac{1}{N}\sum_j n_{.j}^2 - \sum_i \sum_j \frac{n_{ij}^2}{n_{i.}}\right),$$

$$k_{33} = \frac{1}{f_{A\times B}}\left(N - \sum_i \sum_j \frac{n_{ij}^2}{n_{i.}} - \sum_i \sum_j \frac{n_{ij}^2}{n_{.j}} + \frac{1}{N}\sum_i \sum_j n_{ij}^2\right).$$

3.4. *Tabelle 5*

SQ	FQ	MQ	$E(MQ)$
$SQ_A = \sum_i \frac{Y_{i\cdot\cdot}^2}{n_{i\cdot}} - \frac{Y_{\cdot\cdot\cdot}^2}{N}$	$f_A = r - 1$	$SQ_A/f_A = MQ_A$	$k_{11}\,\sigma_a^2 + k_{12}\,\sigma_b^2 + k_{13}\,\sigma_{ab}^2 + \sigma_e^2$
$SQ_B = \sum_j \frac{Y_{\cdot j\cdot}^2}{n_{\cdot j}} - \frac{Y_{\cdot\cdot\cdot}^2}{N}$	$f_B = s - 1$	$SQ_B/f_B = MQ_B$	$k_{21}\,\sigma_a^2 + k_{22}\,\sigma_b^2 + k_{23}\,\sigma_{ab}^2 + \sigma_e^2$
$SQ_{A\times B} = \sum_i \sum_j \frac{Y_{ij\cdot}^2}{n_{ij}} - \sum_i \frac{Y_{i\cdot\cdot}^2}{n_{i\cdot}} - \sum_j \frac{Y_{\cdot j\cdot}^2}{n_{\cdot j}} + \frac{Y_{\cdot\cdot\cdot}^2}{N}$	$f_{A\times B} = (r-1)(s-1)$	$SQ_{A\times B}/f_{A\times B} = MQ_{A\times B}$	$k_{31}\,\sigma_a^2 + k_{32}\,\sigma_b^2 + k_{33}\,\sigma_{ab}^2 + \sigma_e^2$
$SQ_R = \sum_i \sum_j \sum_v y_{ijv}^2 - \sum_i \sum_j \frac{Y_{ij\cdot}^2}{n_{ij}}$	$f_R = N - rs$	$SQ_R/f_R = MQ_R$	σ_e^2

Man prüft leicht nach, daß der orthogonale Fall als Spezialfall im nichtorthogonalen Fall enthalten ist. Mit anderen Worten, wenn $n_{ij} = n$ für alle i und j so muß man das Gleichungssystem aus Abschnitt 3.4.2 erhalten Für $n_{ij} = n$ gilt

$$\begin{aligned} k_{11} &= s\,n\,, & k_{12} &= 0\,, & k_{13} &= n\,,\\ k_{21} &= 0\,, & k_{22} &= r\,n\,, & k_{23} &= n\,,\\ k_{31} &= 0\,, & k_{32} &= 0\,, & k_{32} &= n\,. \end{aligned}$$

Damit hat man Übereinstimmung mit dem Gleichungssystem aus Abschnitt 3.4.2.

Im nichtorthogonalen Fall empfiehlt es sich, das Gleichungssystem (3.4.13) erst in einem konkreten Beispiel aufzulösen, d. h., wenn Zahlenwerte für die Koeffizienten $k_{\nu\mu}$ vorliegen.

Beispiel

Es handelt sich um ein ähnliches Experiment, wie das in Abschnitt 3.4.2 beschriebene. Jetzt ist aber $r = 3$ und $s = 4$, d. h. 3 Sorten und 4 Produzenten. Die Meßergebnisse lauten (Tab. 6 s. S. 191).

Die Besetzungszahlen n_{ij} sind demnach

$n_{11} = 4$	$n_{12} = 5$	$n_{13} = 5$	$n_{14} = 3$	$n_{1\cdot} = 17$
$n_{21} = 6$	$n_{22} = 5$	$n_{23} = 4$	$n_{24} = 2$	$n_{2\cdot} = 17$
$n_{31} = 5$	$n_{32} = 4$	$n_{33} = 5$	$n_{34} = 4$	$n_{3\cdot} = 18$
$n_{\cdot 1} = 15$	$n_{\cdot 2} = 14$	$n_{\cdot 3} = 14$	$n_{\cdot 4} = 9$	$N = 52$

Nach Verrechnung der Meßwerte erhält man die folgende Tabelle der Varianzanalyse (Tab. 7 s. S. 191).

Die Besetzungszahlen ergeben die Koeffizienten $k_{\nu\mu}$ und damit das Gleichungssystem:

$$\begin{aligned} 436{,}19 &= 17{,}33\,\hat\sigma_a^2 + 0{,}16\,\hat\sigma_b^2 + 4{,}58\,\hat\sigma_{ab}^2 + \hat\sigma_e^2\,,\\ 1094{,}29 &= 0{,}15\,\hat\sigma_a^2 + 12{,}86\,\hat\sigma_b^2 + 4{,}40\,\hat\sigma_{ab}^2 + \hat\sigma_e^2\,,\\ 240{,}54 &= -0{,}07\,\hat\sigma_a^2 - 0{,}05\,\hat\sigma_b^2 + 4{,}18\,\hat\sigma_{ab}^2 + \hat\sigma_e^2\,,\\ 201{,}69 &= \hat\sigma_e^2\,. \end{aligned}$$

Die Schätzungen der Varianzkomponenten erhält man als Lösungen dieses Gleichungssystems:

$$\hat{\sigma}_e^2 = 201{,}69\,,$$
$$\hat{\sigma}_{ab}^2 = 10{,}30\,,$$
$$\hat{\sigma}_b^2 = 65{,}77\,,$$
$$\hat{\sigma}_a^2 = 10{,}24\,.$$

3.4. *Tabelle 6*

Faktor B

Faktor A	i \ j	1	2	3	4
	1	29 47 47 51	35 50 15 45 35	20 45 50 25 15	68 65 75
	2	14 37 40 26 10 26	38 2 55 30 40	20 20 35 40	52 60
	3	29 45 48 26 47	40 50 14 50	15 20 40 25 60	33 36 32 66

3.4. *Tabelle 7*

SQ	FG	MQ
$SQ_A = 872{,}39$	$f_A = 2$	$MQ_A = 436{,}19$
$SQ_B = 3282{,}88$	$f_B = 3$	$MQ_B = 1094{,}29$
$SQ_{A\times B} = 1443{,}27$	$f_{A\times B} = 6$	$MQ_{A\times B} = 240{,}54$
$SQ = 8067{,}70$	$f_R = 40$	$MQ_R = 201{,}69$

Literatur

AHRENS, H., [1] Die Methode der Beziehungsmatrizen in der Varianzanalyse bei der Aufstellung von Gleichungssystemen für die Schätzungen von Varianzkomponenten in nichtorthogonalen Versuchsanlagen. Dissertation, Humboldt-Universität, Berlin 1962.

[2] Standardfehler geschätzter Varianzkomponenten eines unbalanzierten Versuchsplanes in r-stufiger hierarchischer Klassifikation. Monatsber. DAW **7** (1965) H. 2.

BENNETT, C. A. und N. L. FRANKLIN, Statistical Analysis in Chemistry and the Chemical Industry. John Wiley & Sons, New York 1954.

BROSS, I., Fiducial intervals for variance components. Biometrics **6** (1950).

BROWNLEE, K. A., Statistical Theory and Methodology in Science and Engineering. John Wiley & Sons, New York 1960; 2. Auflage, 1965.

COMSTOCK, R. E. and H. F. ROBINSON, The components of genetic variance in populations of biparental progenies and their use in estimating the average degree of dominance. Biometrics **4** (1948).

CORNFIELD, J. and J. W. TUKEY, Average values of mean squares in factorials. Ann. Math. Stat. **27** (1956).

CRUMP, S. L., The present status of variance component analysis. Biometrics **7** (1951).

EISENHART, CH., The assumptions underlying analysis of variance. Biometrics **3** (1947).

FISHER, R. A., [1] The correlation between relatives on the supposition of Mendelian inheritance. Trans. Roy. Soc. Edinburgh **52** (1918).

[2] Statistical Methods for Research Workers. Oliver & Boyd, Edinburgh 1925.

[3] Inverse Probability. Proc. Cambr. Phil. Soc. **26** (1930).

[4] The Design of Experiments. Oliver & Boyd, Edinburgh 1935.

FISCHER, O., Analysa rozptylu. Státní pedagogické nakladatelství, Praha 1956.

FREEMAN, H., Introduction to statistical inference. Addison Wesley, Massachusetts 1963.

GUENTHER, W. C., Analysis of Variance. Prentice-Hall, Inc., Englewood Cliffs, N. J. 1964.

HENDERSON, C. R., Estimation of variance and covariance components. Biometrics **9** (1953).

JAMES, A. T., The relationship algebra of an experimental design. Ann. Math. Stat. **28** (1957).

KEMPTHORNE, O., The Design and Analysis of Experiments. Wiley & Sons, New York 1952.

LEHMANN, E. L., Testing Statistical Hypotheses. John Wiley & Sons, New York 1959.

MAHAMUNULU, D. M., Sampling variances of the estimates of variance components in the unbalanced 3-way nested classification. Ann. Math. Stat. **34** (1963).

NEYMAN, J., Outline of a theory of statistical estimation based on the classical theory of probability. Phil. Trans. Roy. Soc. London A **236** (1937).

NEYMAN, J. and E. S. PEARSON, On the use and interpretation of certain test criteria for purposes of statistical inference. Biometrika **20** A (1928).

SCHEFFÉ, H., The Analysis of Variance. John Wiley & Sons, New York 1958.

SEARLE, S. R., [1] Matrix methods in components of variance and covariance analysis. Ann. Math. Stat. **27** (1956).

[2] Sampling variances of estimates of components of variance. Ann. Math. Stat. **29** (1958).

[3] Variance components in the unbalanced 2-way nested classification. Ann. Math. Stat. **32** (1961).

SNEDECOR, G. W., Statistical methods applied to experiments in agriculture and biology. 1948.

TUKEY, J. W., [1] siehe SCHEFFÉ.
[2] Interaction in a row-by-column design. Statistical Research Group, Princeton University Memorandum Report 18 (1958).

WEBER, E., Grundriß der biologischen Statistik. 5. Auflage, VEB Gustav Fischer Verlag, Jena 1964; 6. Auflage, 1967.

WILKS, S. S., The large-sample distribution of the likelihood ratio for testing composite hypotheses. Ann. Math. Stat. **9** (1938).

Übersetzung wichtiger Fachausdrücke in die englische und russische Sprache

asymptotisch	asymptotically	асимтотический
Effekte, feste	effects, fixed	эффекты, постоянные
Effekte, zufällige	effects, random	эффекты, случайные
einfache Klassifikation	one-way classification	классификация по одному признаку
erwartungstreue Schätzung	unbiased estimate	несмещенная оценка
Erwartungswert	expectation value	математическое ожидание
Fehler 1. Art	Type I error	ошибка первого рода
Freiheitsgrade	degrees of freedom	степени свободы
Grundgesamtheit	population	генеральная совокупность
hierarchische Klassifikation	nested (hierarchical) classification	гнездовая классификация
Hypothese	hypothesis	гипотеза
Intraklasskorrelationskoeffizient	coefficient of intraclass-correlation	коэффициент внутригрупповой корреляции
Konfidenzintervall	confidence interval	доверительный интервал
Konfidenzniveau	level of confidence	доверительный уровень
konsistent	consistent	состоятельный
Korrelation	correlation	корреляция
Kovarianzanalyse	analysis of covariance	ковариационный анализ
Kovarianzmatrix	matrix of covariances	ковариационная матрица
Likelihood-Quotiententest	likelihood ratio test	критерий отношения правдоподобия
linear unabhängig	linear independent	линейно независимый
Matrix	matrix	матрица
Maximum-Likelihood Schätzung	maximum likelihood estimation	наибольшая правдоподобая оценка

Methode der kleinsten Quadrate	method of least squares	метод наименьших квадратов
Normalverteilung	normal distribution	нормальная функция распределения
Parameter	parameter	параметр
Regressionsanalyse	analysis of regression	анализ регрессии
Reparametrisierungsbedingung	side condition	условие репараметризации
Signifikanz	significance	значимость
Standardfehler	standard error	средняя ошибка
stetig	continuous	непрерывный
Stichprobe	sample	выборка
Stichprobenmittel	sample mean	выборочное среднее значение
Testen	testing	проверка
unabhängig	independent	независимый
Varianz	variance	дисперсия
Varianzanalyse	analysis of variance	дисперсионный анализ
Varianzkomponenten	components of variance	компоненты дисперсии
Vektor	vector	вектор
Verteilung	distribution	распределение
Verteilungsdichte	probability density	плотность вероятности
zufällige Stichprobe	random sample	случайная выборка
zufällige Veränderliche	random variable	случайная величина
zweifache Klassifikation	two-way lay-out, two-way classification	двоиная классификация

Namen- und Sachverzeichnis

Additivität 35

Balanzierter Versuchsplan 38
Bedingungskomplex 54
Beobachtungsfehler 44
Blockeffekt 64
Blöcke, zufällige 61

$\chi^2(f)$ zufällige Veränderliche 103

Dreifache Klassifikation 73

Effekte, feste 93, 94
—, zufällige 93
Einfache Klassifikation 27, 43
Einheitsmatrix 113, 138
EISENHART 41
Erwartungstreue Schätzung 23, 99
Experiment, randomisiertes 61

Fehlervarianz 23
$F(f_1, f_2)$-verteilte zufällige Veränderliche 105
FISHER, R. A. 15
Form, lineare 13, 33
—, quadratische 114
Freiheitsgrad 46

Gesamtvarianz 92
Gitterpunkt 74

Haupteffekt 16
Hierarchische Klassifikation, dreifache 147
— —, zweifache 83, 120
Hypothese, allgemeine lineare 17, 19

Intraklasskorrelation 123
Intraklasskorrelationskoeffizient 99, 101, 110
Irrtumswahrscheinlichkeit 48

Klassifikation, einfache 27, 43
—, dreifache 73
—, zweifache 15, 31, 172
Kolonnenmittel 35
Konfidenzintervall 102, 103, 129, 157, 158, 177
—, approximatives 182
Konfidenzniveau 103, 104, 105, 177
Kovarianzmatrix 18, 23, 38, 138
Kreuzklassifikation 51, 172
KRONECKER-Symbol 113
Kumulante 114

LAGRANGEsche Multiplikatoren 24
Likelihood-Funktion 20
Likelihood-Quotienten-Statistik 25
Likelihood-Quotiententest 25

Matrix, idempotente 116
Matrizenkalkül 113
Matrizenverfahren 111
Maximum-Likelihood-Prinzip 19
Maximum-Likelihood-Schätzung 20
Mehrfach klassifizierte Versuchsanlagen 31
Meßfehler 14
Methode der kleinsten Quadrate 19, 44, 53, 85
Mittelwertvektor 18
Modell, allgemeines lineares 13
—, lineares 43
— mit festen Effekten (Modell I) 41
— mit zufälligen Effekten (Modell II) 91

Nichtorthogonale Versuchspläne 38
Normalgleichungen 22, 45, 53, 84
Normalverteilung, n-dimensionale 18
Nullhypothese 51, 101
Nullmatrix 113

Orthogonaler Versuchsplan 38

Parameter, zulässige 18
Parameterraum 18
Punktschätzung 14, 22

Quadratsumme 54

Randomisiertes Experiment 61
Rang einer Matrix 116
Regressionswert 23, 25, 29, 40, 45
Reparametrisierungsbedingungen 31, 35, 36, 44, 53, 75
Restsumme 23

Schätzung, erwartungstreue 23, 99
SCHEFFÉ, H. 16
SEARLE, S. R. 112
Signifikanz 80
Sorteneffekt 32, 48
Sortenversuch 15
Spurenoperator 114
Stichprobenumfang 50, 51
Stichprobenvarianzen geschätzter Varianzkomponenten 106, 145

Testcharakteristik 56, 60, 81, 155
Testkriterium 25

Unbalanzierte Versuchspläne 38
Untermatrizen 112

Varianzkomponenten 92, 94, 96
Versuchspläne, nichtorthogonale 38
—, unbalanzierte 38
Verteilungsdichte 20

WEBER, E. 104, 106
Wechselwirkungseffekt 32, 67, 81
Wechselwirkungseffekte höherer Ordnung 39

Zeilenmittel 35
Zerlegungsformel für SQ_{Total} 40

Der Autor

- **behandelt die mathematischen Grundlagen der Varianzanalyse**

- **erklärt die wichtigsten Modelle mit zufälligen Effekten und das Schätzen von Varianzkomponenten**

- **erläutert an vielen numerischen Beispielen die wichtigsten Versuchsanlagen, die varianzanalytisch verrechnet werden können**

- **wendet sich mit diesem Band an Mathematiker, Biologen, Chemiker, Landwirtschaftswissenschaftler, Mediziner, Pharmazeuten, Pädagogen, Psychologen, Techniker und andere Wissenschaftler, die sich mit der Analyse von Meßwerten befassen**

WISSENSCHAFTLICHE TASCHENBÜCHER

FSC
www.fsc.org
MIX
Papier | Fördert
gute Waldnutzung
FSC® C083411

Zeitfracht Medien GmbH
Ferdinand-Jühlke-Straße 7
99095 Erfurt, Deutschland
produktsicherheit@kolibri360.de